玩法

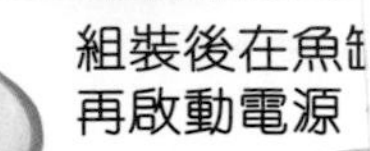

嘟一嘟在正文社 YouTube 頻道搜索「機動魚缸」觀看製作過程！

教材附送兒科貼紙，用來裝飾魚缸！

機械魚為何入水能游？

提示1
機動魚缸的電路

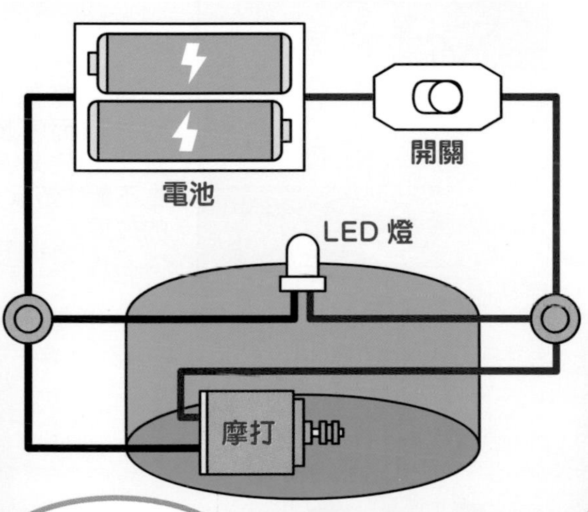

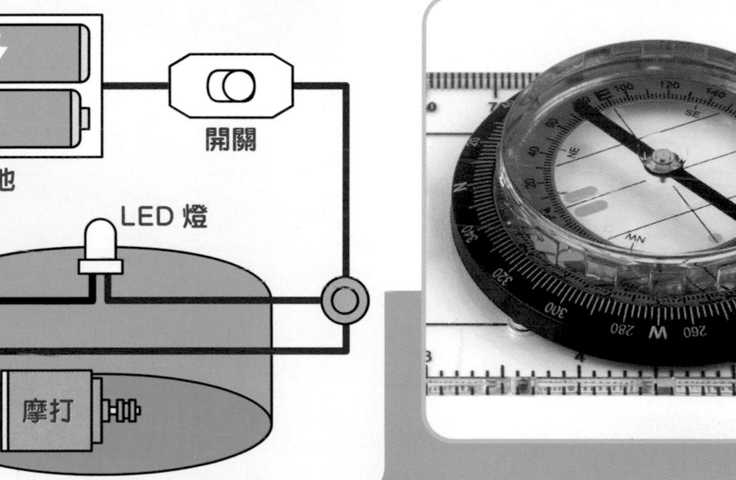

提示2
機械魚對指南針的影響

▶▶▶機動魚缸的運作原理就在後頁！

機動魚缸的運作原理

其實機動魚缸內的摩打帶動着一塊永久磁鐵自轉，這正是機械魚可以游來游去的原因！

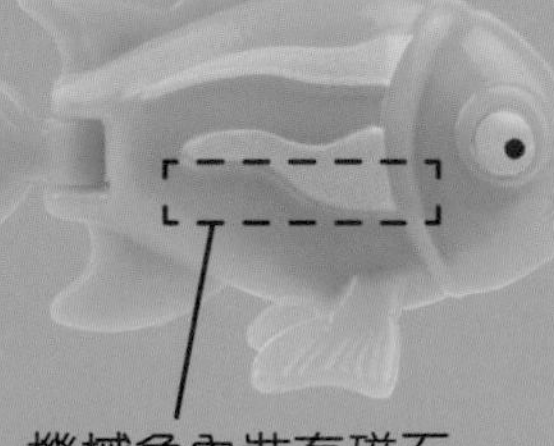

拆開 LED 燈座，可看見一塊長方體磁石。

磁石的其中一面是北極，另一面則是南極。

南極　北極

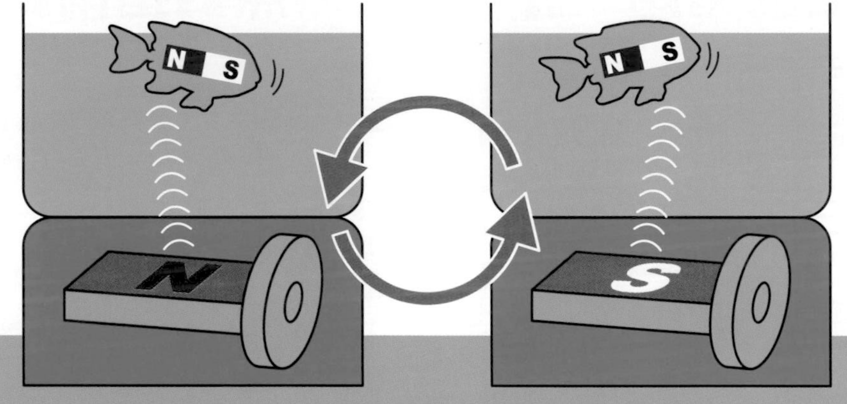

摩打使長方體磁石轉動，令磁石上方的磁極隨着自轉而交替。

機械魚受到的磁力因而不斷變化，於是產生不斷「游泳」的效果。

磁力小實驗

▲如果將一顆磁石放進水中，便會看到磁石不斷翻動。

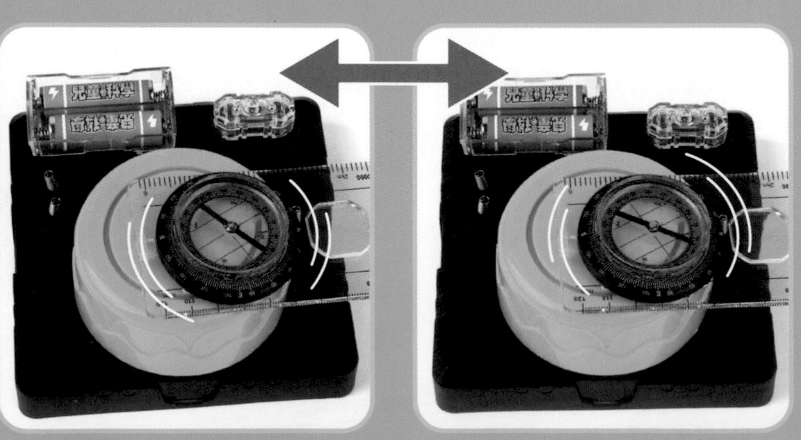

▲若放一個指南針在 LED 燈座上，更可看到其指針不斷轉動。這些現象正是磁場改變所致。

注意水量！

不論哪個磁極向上，長方體磁石都會對機械魚內的磁石產生吸力，可是為何機械魚不會沉到魚缸底呢？

首先，將機械魚所受到的磁吸力拆分為兩部分：

一部分是橫向的力。

另一部分是向下的力。這部分亦跟機械魚本身重量有關，會令魚下沉。

根據亞基米德原理，物件排開的水量就是其受到的浮力。機械魚浸在水中，就必會受到浮力影響。

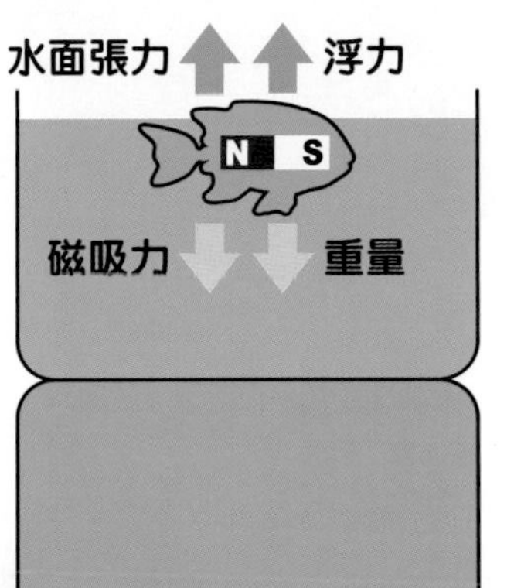

此外，水面張力也會承托機械魚，抵消向下的力，於是魚不會下沉。

然而，若魚缸中的水不夠，機械魚就算在水中浮動，也會較接近缸底，即較接近長方體磁石。

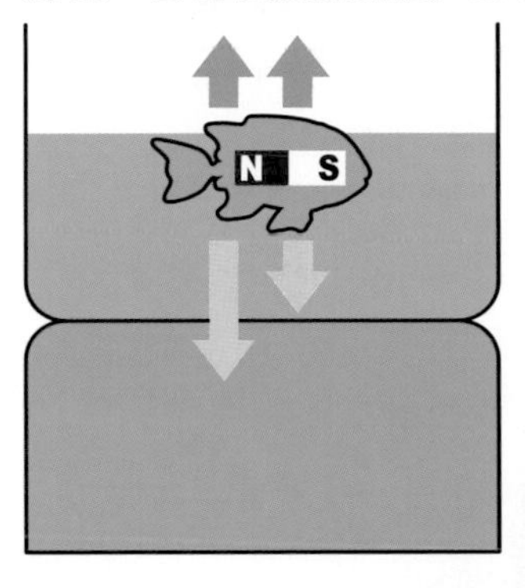

這是因為磁石彼此愈接近，互相施加的力就會愈強，不論是吸引力和排斥力都是如此。所以，如果機械魚受到的浮力不足以抗衡磁力，就會被吸到水底。

◀其他裝飾沒有磁石，只受浮力及水面張力承托於水面。

水生植物的葉

荷花、浮萍等浮面的水生植物，其葉面一般較寬闊，正是利用了水面張力，使葉片更易浮於水面。

觀賞用的特別水生動物

一些身體顏色較光鮮的魚如金魚、孔雀魚、錦鯉等，常被人飼養來作觀賞之用。除了魚類，人們有時還會飼養一些特別的海洋生物……

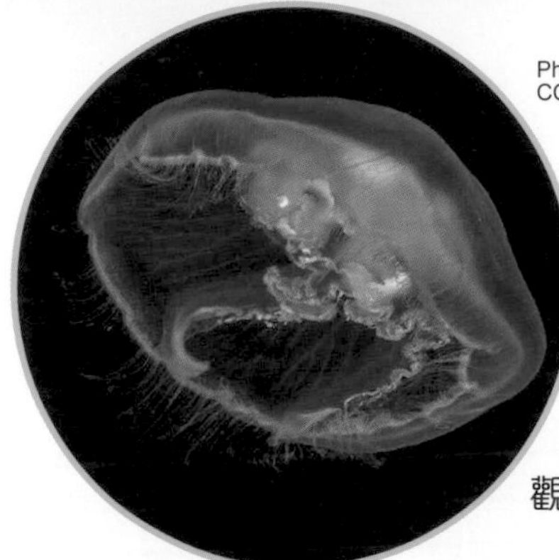
Photo by W.carter/
CC-BY-SA 4.0

海月水母

牠堪稱最適合新手飼養的水母，因其無毒，觸手甚短，雖可刺人但傷害小。其姿態及半透明的外觀極具觀賞價值。

藍環章魚

這種章魚具有劇毒，而且沒有解毒方法，要是被咬便很可能致命。不過牠們表面有奇特的藍環，引人飼養觀賞。

獅子魚

獅子魚的美麗花紋吸引不少人飼養，但牠全身共有18條毒刺。雖然這種毒的致命機會不大，但仍會引致劇痛、暈眩、痲痺等徵狀。

食用魚的選擇——金魚可以吃嗎？

理論上，只要能確保無毒，所有魚都是可吃的。不過有種種原因，人們會避免食用不少種類的魚，例如：

1 不吃觀賞用的魚

這情況有如不吃貓狗，人們對一些動物存有感情，並非為吃而養。此外，有些觀賞用魚有毒，或味道不佳，亦使人們卻步。

▲金魚的味道不佳，因此人們極少食用金魚。

養魚所需的水質

魚須在適合的水質才能生存，太髒、溫度不當、含鹽量不正確、含氧量太少的水，都不適合。

魚的大便

▶魚在水中大便，那些大便會溶解於水中。如長時間不清理，水就會愈來愈污濁。

溫度

每種魚都已適應一個特定溫度，使其體內的細胞正常工作。就算溫度只是低一點或高一點，都造成很大影響。

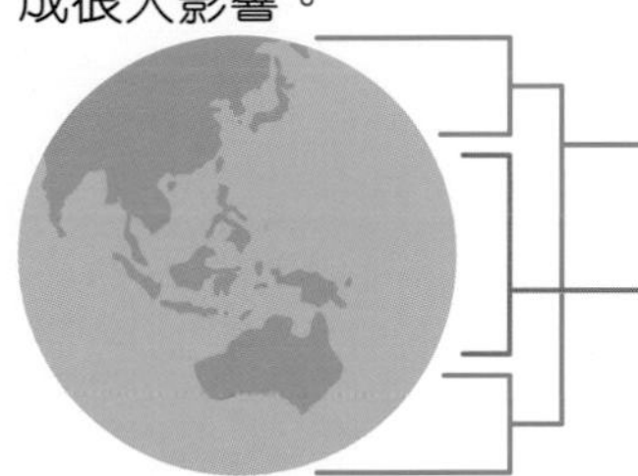

來自寒冷水域的魚，所需的水溫會低一點。

熱帶及亞熱帶水域的魚，所需的水溫就高一點。

鹼淡程度

此外，魚的身體結構都因應其生活環境的含鹽量而演化出來，因此不同魚只能生存於具有合適含鹽量的水中。根據鹽分，一般可分為鹹水、淡水和鹹淡水。

高含鹽量

要是鹽量極高，任何水生動植物都無法生存，死海的水便是一例。

鹹水魚來自海洋或鹹水湖，例如蝴蝶魚、雀鯛、東星斑等。

鹹淡水魚生活在河口等鹹水及淡水交界，如深鰕虎魚、尖頭塘鱧。

淡水魚則來自河流、溪澗、淡水湖等地，如鯉魚、泥鰍等。

不含鹽

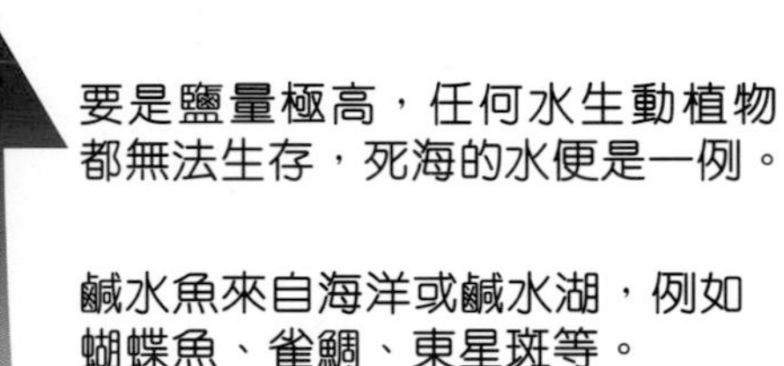

2 不吃大魚

所謂「大魚吃小魚」，只是大魚從小魚所吸收到的不止蛋白質等營養，還有水銀、雪卡毒素等不可去除的有害物質。要是人們常吃大魚，便會積累這些物質而致病。

3 不吃生存受威脅的魚

每種海洋生物都是整個生態環境的一部分。人們吃掉當中某部分的魚，問題並不大，但若過度食用某些種類，便會令生態環境改變。例如令某些生物因沒有天敵而暴增，某些卻反而劇減，造成不可預料的後果。因此，人們應避免吃一些被過度捕獵的魚。

水中生態的各種循環

不論是魚缸內還是大自然中，都需要不同物質的循環。

露出水面的水生植物表面，通常都有氣孔，可從大氣中吸取二氧化碳。只要環境有足夠的光，氧氣便能從植物經光合作用產生，釋放至大氣或水中。

氧氣可溶於水裏，水溫愈低，可溶的氧氣愈多。可是，水中的氧氣始終有限，若過多生物同時搶奪氧氣，便會引致缺氧。

海洋生物跟陸上生物一樣，需要呼吸氧氣，並排出二氧化碳。

海藻及其他水生植物可作為小魚的食物，小魚則成為大魚的食物。

在大自然中，那些有害物質會被細菌轉化為無毒的硝酸鹽，並成為植物的養分。

完全沒入水中的植物則沒有氣孔，以滲透作用吸引那些溶於水中的二氧化碳。

CO_2 O_2 CO_2 O_2 食物 食物 CO_2 硝酸鹽 O_2

魚也會生病？

不論是鹹水、淡水還是鹹淡水的魚，都有可能生病，例如常見的寄生蟲感染。由於疾病在擠迫的環境下非常容易傳染，故此魚缸內的魚之間不能生活得太擠迫。

淡水魚的寄生蟲種類及數量，平均來說比海魚多。這可能是因淡水環境下，寄生蟲毋須發展出複雜的濾鹽器官，於是較有利於演化及繁殖。只是，不論是海魚或淡水魚，都須妥善保存及煮熟才可吃。

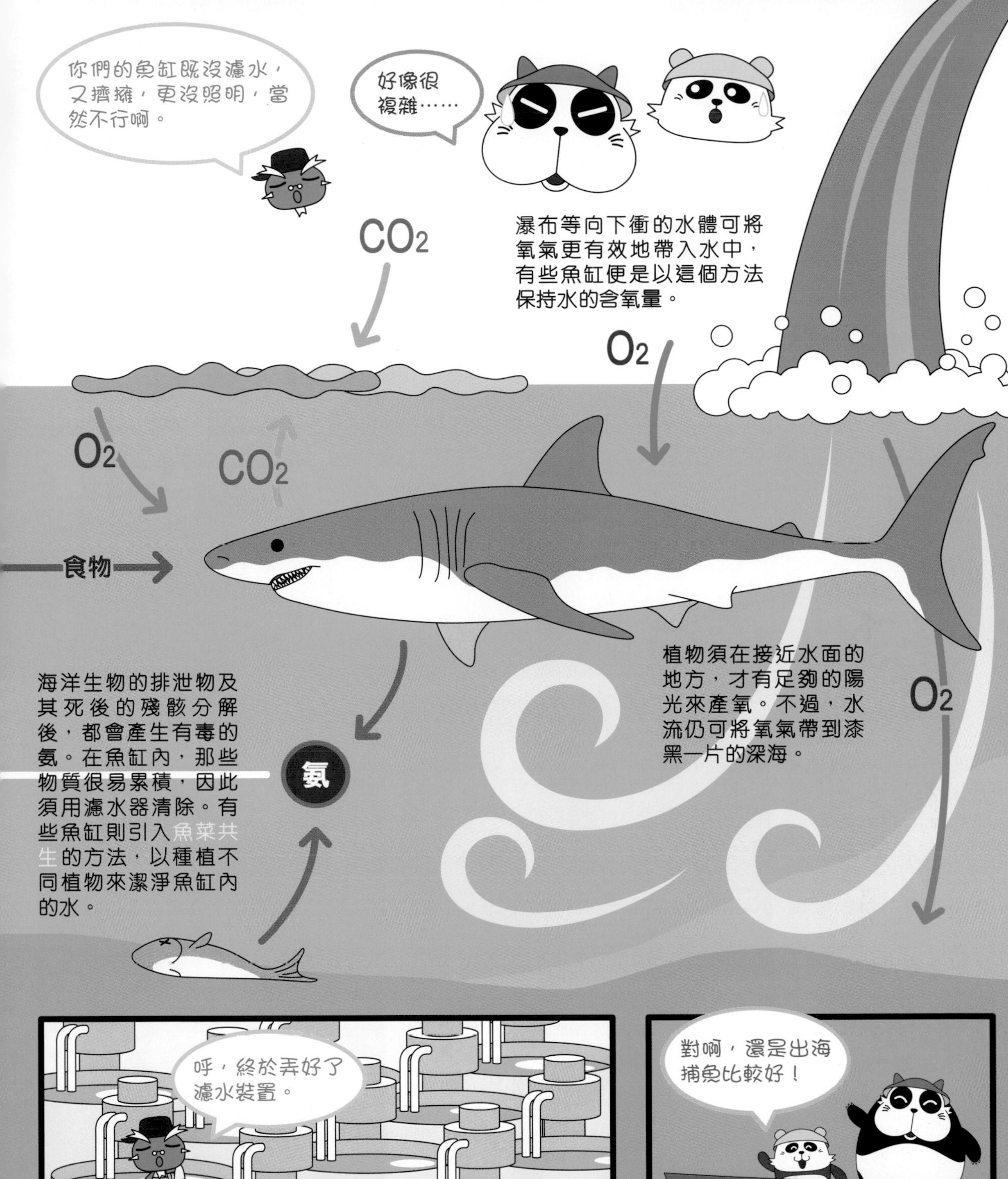
你們的魚缸既沒濾水，又擠擁，更沒照明，當然不行啊。
好像很複雜……
瀑布等向下衝的水體可將氧氣更有效地帶入水中，有些魚缸便是以這個方法保持水的含氧量。
CO_2
O_2
O_2
CO_2
食物
植物須在接近水面的地方，才有足夠的陽光來產氧。不過，水流仍可將氧氣帶到漆黑一片的深海。
O_2
海洋生物的排泄物及其死後的殘骸分解後，都會產生有毒的氨。在魚缸內，那些物質很易累積，因此須用濾水器清除。有些魚缸則引入魚菜共生的方法，以種植不同植物來潔淨魚缸內的水。
氨

呼，終於弄好了濾水裝置。
對啊，還是出海捕魚比較好！
你們去哪？
養這麼多魚太麻煩了，還是把這些魚都放生吧。
我才弄好啊……

海豚哥哥自然教室

鮭色鳳頭鸚鵡

真罕見，這些粉紅色鸚鵡和中華白海豚一樣顏色啊！

鮭色鳳頭鸚鵡（Salmon-crested cockatoo，其學名是 *Cacatua moluccensis*）身長約 50 厘米，體重可達 850 克，擁有白色的眼圈和灰黑色的喙部，羽毛呈光鮮的淺粉紅色。牠們在興奮和激動時，頭頂的鮭色冠羽便會豎立起來。

對呢，不過也有人覺得我們的頭冠顏色像鮭魚肉，即三文魚肉，所以才將我們命名「鮭色」呢。

© 海豚哥哥 Thomas Tue

牠們喜歡在林地、河溪邊和沼澤地區棲息，主要吃堅果、種子或昆蟲為生，分佈在印尼摩鹿加羣島的西瑞島及鄰近的小島，壽命估計可達 60 歲。

© 海豚哥哥 Thomas Tue

▼由於非法捕獵猖獗，這種鸚鵡在全球的數目正在減少，現已是 IUCN 易危物種。

© 海豚哥哥 Thomas Tue

© 海豚哥哥 Thomas Tue

▲鮭色鳳頭鸚鵡的雌性體形比雄性大。

◀牠們的叫聲非常響亮，容易興奮和反應過大。

如有興趣親眼觀察中華白海豚，請瀏覽網址：eco.org.hk/mrdolphintrip

收看精彩片段，請訂閱Youtube頻道：「海豚哥哥」
https://bit.ly/3eOOGlb

海豚哥哥簡介

海豚哥哥 Thomas Tue

自小喜愛大自然，於加拿大成長，曾穿越洛磯山脈深入岩洞和北極探險。從事環保教育超過20年，現任環保生態協會總幹事，致力保護中華白海豚，以提高自然保育意識為己任。

在西部荒野，牛仔伏特犬即將與頓牛一決高下，以爭奪「最強空氣槍手」的榮譽！這時，大盜愛迪蛙趁大家不注意，正圖謀不軌……

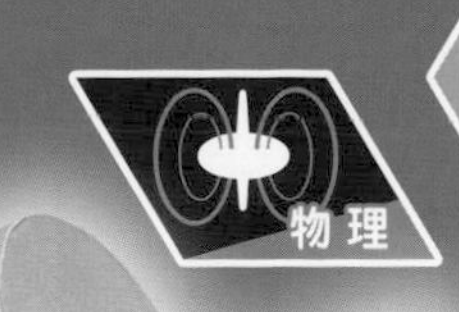

製作難度：★☆☆☆☆

製作時間：20 分鐘

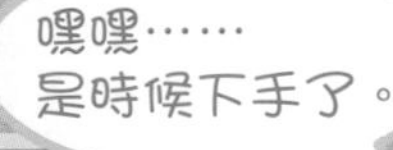

簡易空氣槍

玩法

緊握空氣槍，向後拉長氣球，一放手便能將紙子彈射出去！可用角色紙靶練習，亦可自製計分板和親友比併。

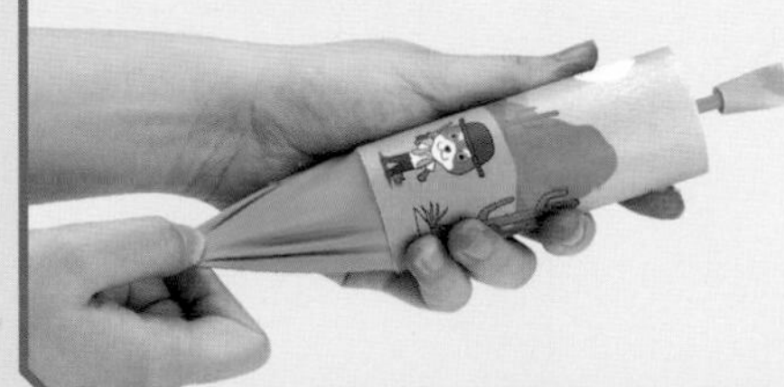

⚠不可射向人、動物或貴重物品。

⚠發射的聲響頗大，使用時須注意環境，避免騷擾他人或動物。

製作方法

⚠請在家長陪同下使用刀具及尖銳物品。

材料：氣球、幼飲管、廁紙筒（長 105 mm，直徑 42mm）

工具：剪刀、𠝹刀、鉛筆、圖釘或原子筆、膠紙、雙面膠紙

紙子彈

1

用鉛筆輔助，把紙樣捲成筒形，用雙面膠紙黏穩。

可自由調節紙砲的實際黏合位置，以配合飲管的粗幼。

2

壓扁圓筒的其中一端並用膠紙封口。

如虛線示，剪走多餘的膠紙。

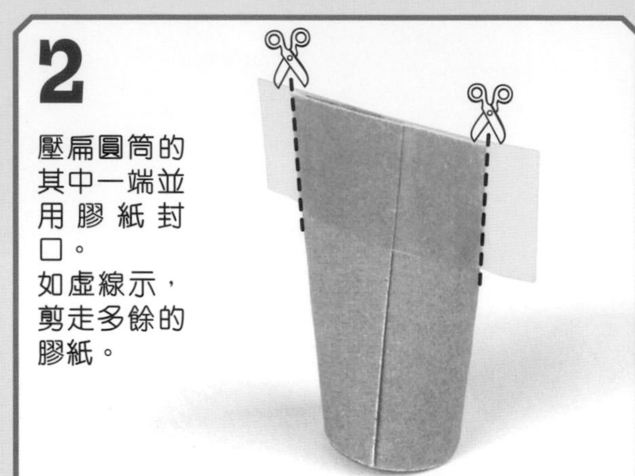

簡易空氣槍

1 在廁紙筒的兩端各貼一圈雙面膠紙。

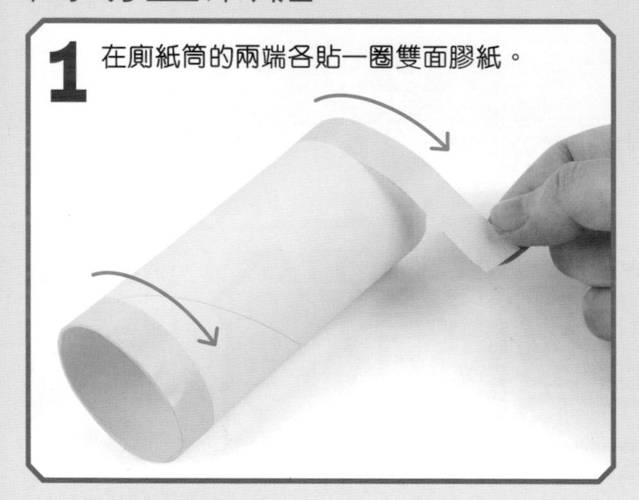

2 剪掉氣球的吹氣口約 4 至 5cm。

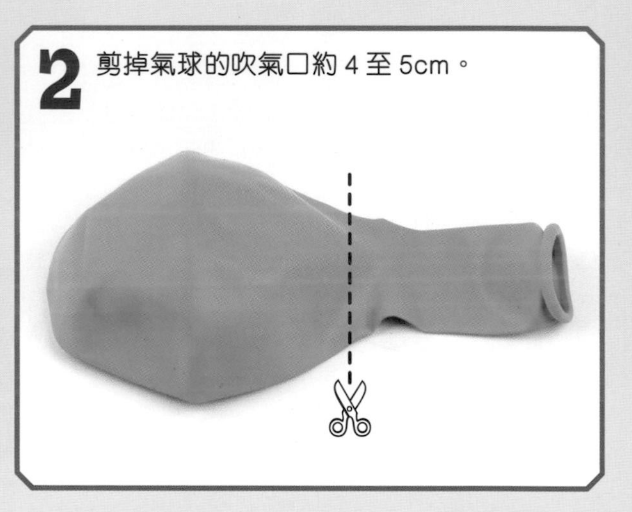

3 拉闊氣球的開口，套在廁紙筒的一端，拉至雙面膠紙處以固定。如不夠力，可請大人幫忙。

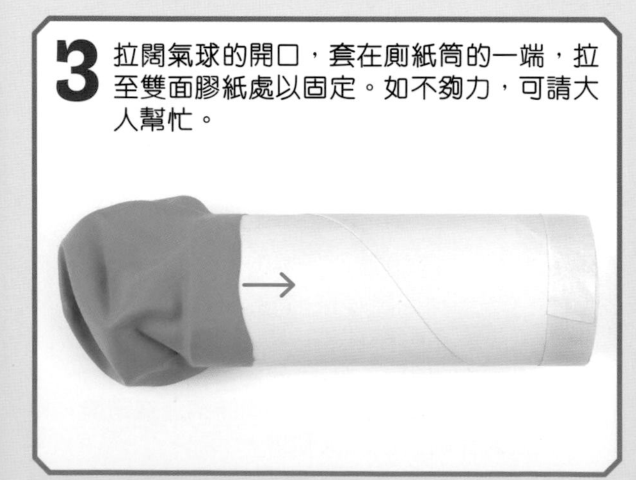

4 用圖釘或原子筆等刺穿槍口紙樣中央，再慢慢擴大孔洞，直至孔洞大小足以讓飲管穿過。

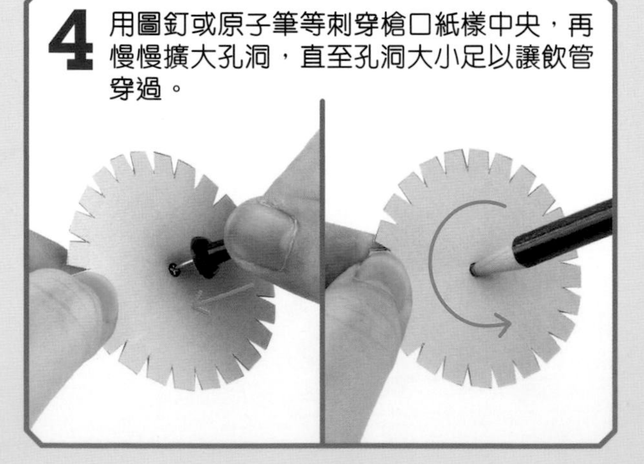

5 把飲管剪至 4cm 長後，在 1cm 處剪開成十字。

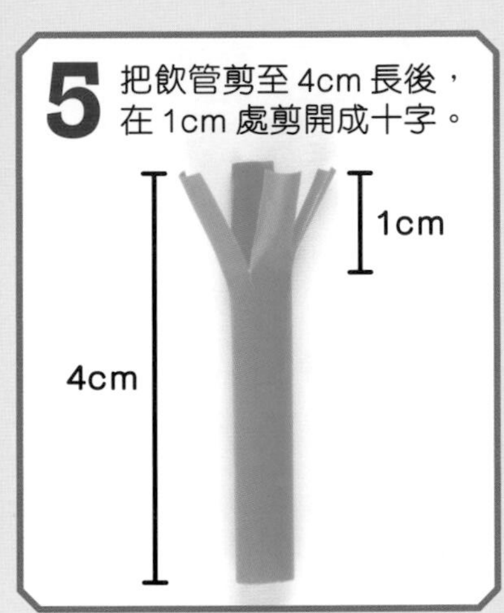

6 把飲管穿過槍口的底部，再用膠紙黏穩飲管的十字。

7 將槍口貼在紙筒口。

8 貼上槍身裝飾。

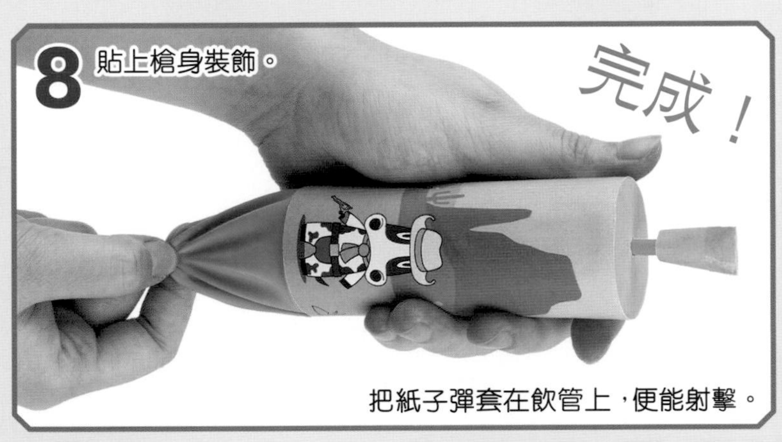

把紙子彈套在飲管上，便能射擊。

我們身邊的大氣壓力

地球的氣壓來自大氣層的空氣。由於空氣有重量，因此大量空氣會對周邊的物件施加壓力。

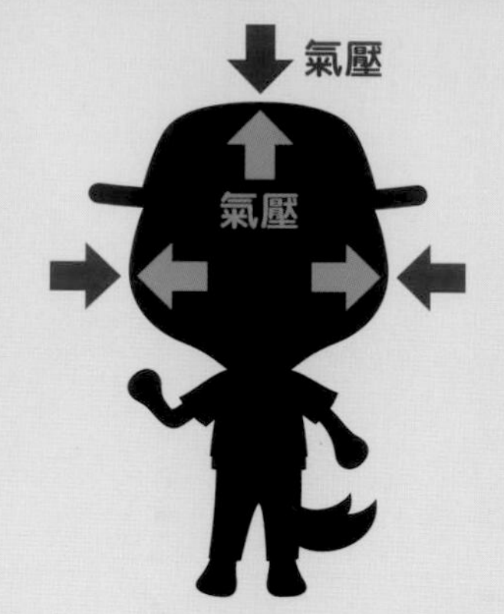

我們平時感受不到被空氣壓住，是因為人體內也有空氣，以同樣的壓力撐向外，把外在氣壓的影響抵消了。

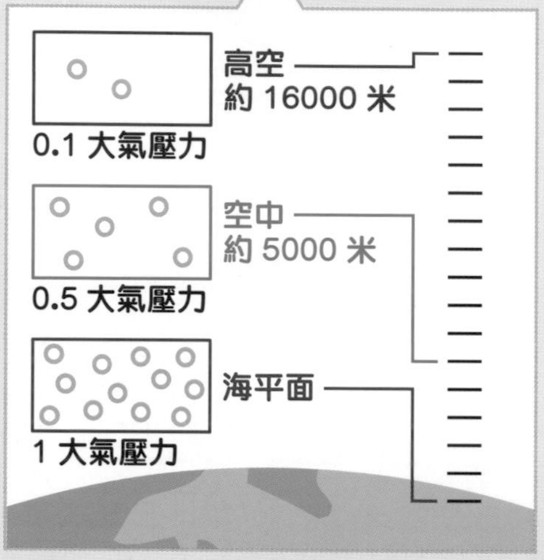

地心吸力與氣壓高低

在海平面的平均氣壓稱為「標準大氣壓」，距離海面愈高，氣壓愈低。

這是由於地心吸力將空氣往地面拉，令地面的空氣分子密度較高，即在同一空間內有較多空氣，所以氣壓就較高。

相反，高空和高山的空氣分子密度較低，氣壓就較低。

空氣槍的氣壓原理

1 空氣槍內的空間固定，只能容納一定數量的空氣分子。

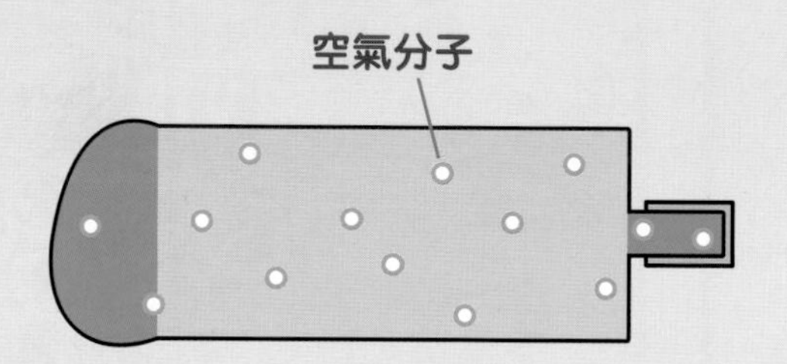

2 當氣球被向後拉時，槍身內的容量增加，於是有更多空氣從槍口的微小縫隙進入槍內。

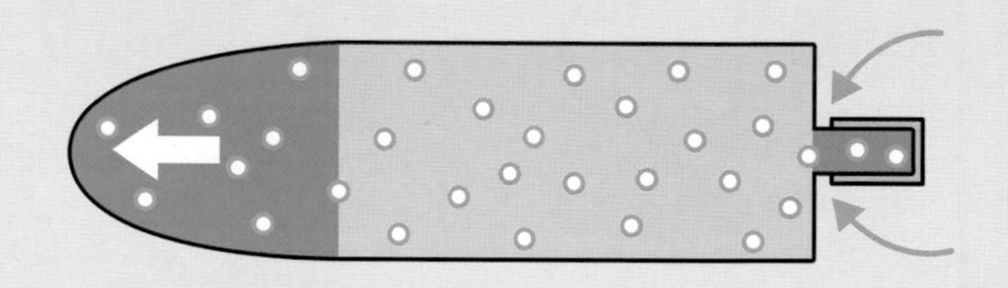

3 氣球被放開後，槍內的容量瞬間縮回原有水平，這時氣球的彈力將過多的空氣分子高速推向狹窄的槍口。

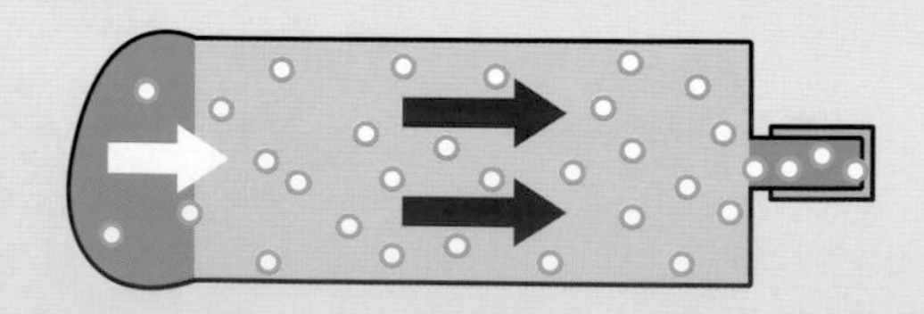

4 由於大量空氣擠向槍管（飲管），使管中的空氣分子密度提高，令當中的氣壓變大，使紙子彈以高速被推出去。

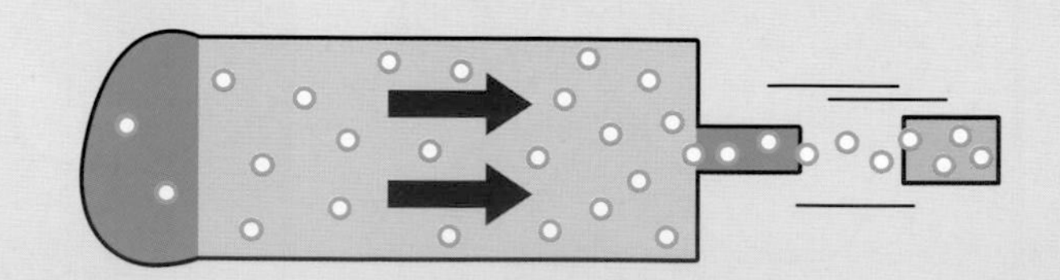

紙樣

開孔　沿實線剪下　沿虛線向內摺　黏合處

槍身

子彈

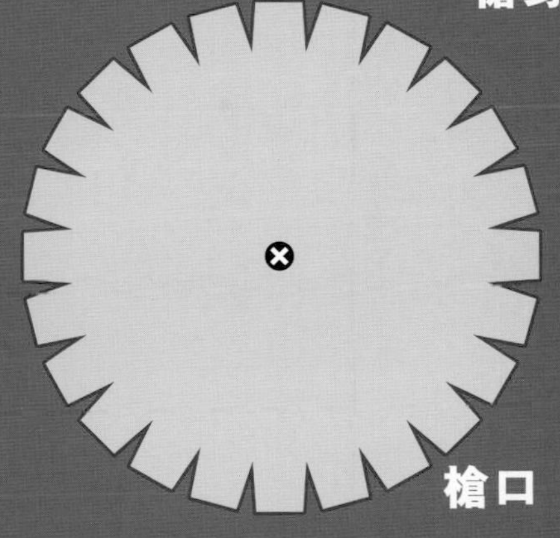

槍口

靶

頓牛

伏特犬

愛迪蛙

伏特犬和瓦特犬應徵磁力遊樂場的試玩員。這項工作主要是測試場內設施，不過兩人從中也玩得不亦樂乎……

磁力跳樓機

嘟一嘟在正文社 YouTube 頻道搜索「#205 磁力遊樂場」觀看過程！

實驗選用的磁石

這次實驗的磁石可選用較大塊的黑色普通磁石，切勿使用釹磁石（通常沒有包層，外表似金屬）。

⚠切勿吞食磁石，也別放近心臟起搏器、磁帶卡及電腦硬碟。

磁浮彈床

用具：A4 膠文件夾、膠紙、圓形磁石 ×8-12 塊、顏色貼紙

1 從一個 A4 文件夾剪出一塊長方形膠片。

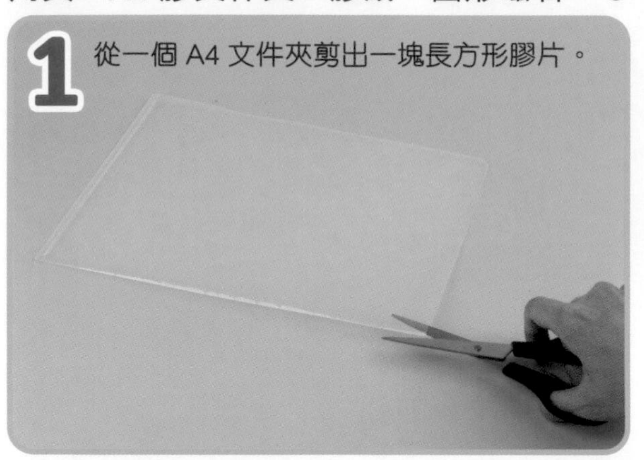

2 將所有磁石組成一疊，放在膠片上作輔助，然後把膠片捲成圓筒形。

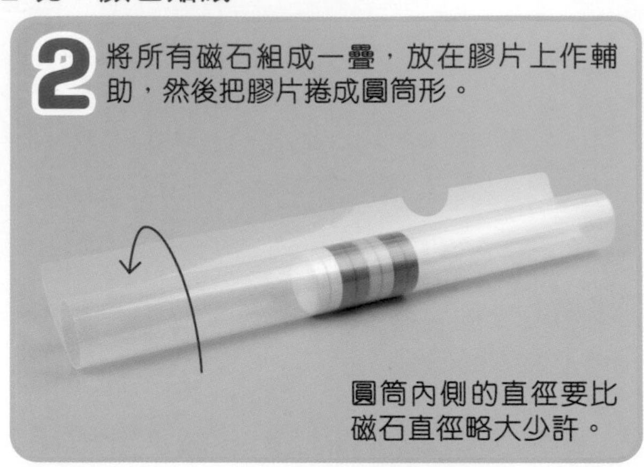

圓筒內側的直徑要比磁石直徑略大少許。

3 用膠紙固定圓筒的形狀，並取出磁石。

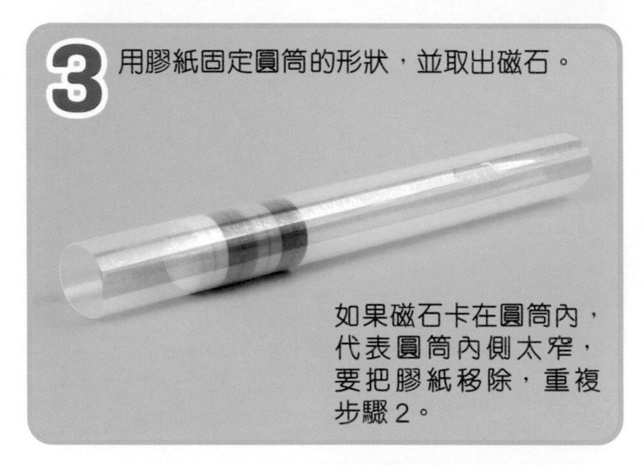

如果磁石卡在圓筒內，代表圓筒內側太窄，要把膠紙移除，重複步驟 2。

4 將所有磁石疊在一起，再如圖每隔一塊磁石在旁邊貼上顏色貼紙，以標示磁石的磁極。

5 將磁石每 2 塊平分成 4 組。將其中一組放在枱面，然後蓋上圓筒，再依次序將另外 3 組磁石投入圓筒中。

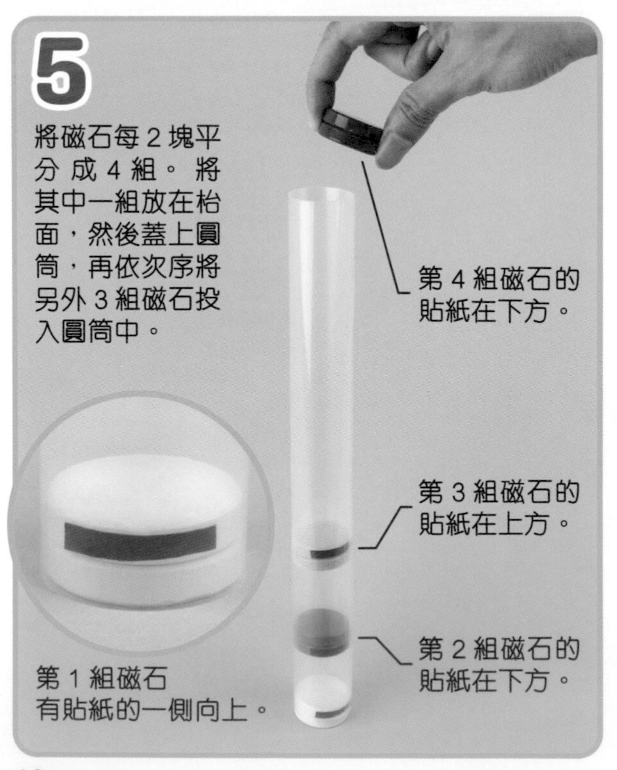

為甚麼磁石可浮起來？

機動遊戲主管
愛迪蛙

磁石是一種可產生磁場的物料，其中一端是磁北極（簡稱北極），另一端則是磁南極（簡稱南極）。當兩個相反的磁極接近，就會產生吸引力；而兩個相同的磁極一旦接近，則產生排斥力，圓筒中的磁石便是以此原理浮在空中。

每組磁石標有貼紙的一端，都具有相同磁極；沒有貼紙的一端則同屬另一磁極。

頂端磁石組下方的空隙最闊。

中間的磁石只受上方一組磁石排斥，其下方的空隙較闊。

下方的磁石受到上方兩組磁石排斥，其下方的空隙較窄。

相同磁極引致的排斥力將磁石承托起來。

若想磁石穩定懸浮，膠文件夾捲成的圓筒也是必要工具。否則磁石會翻轉，令兩邊磁極顛倒，這樣就會被吸向下。

如果放進圓筒的磁石總是翻轉，可增加每組磁石的數目，這樣磁石組就會變長，不易翻轉。

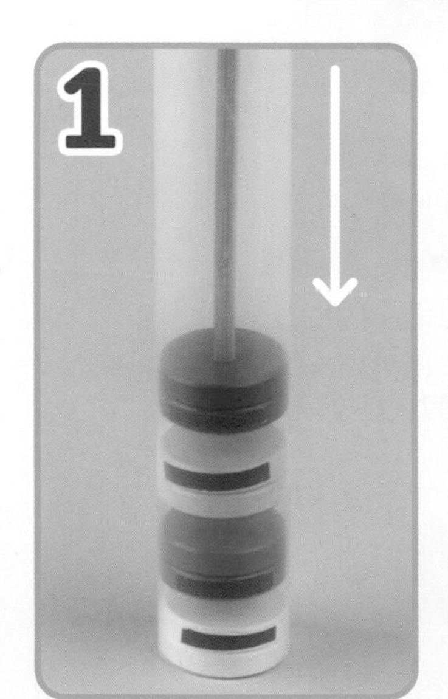

▲用木筷子或竹簽等長條物壓縮磁石。

▲拿走長條物，磁石又會彈回原本位置。

磁浮的應用

除了磁浮列車外，目前仍在研究的核聚變反應爐，也利用了磁力懸浮的原理，令爐內高溫的物質凝聚並懸浮，以免碰到反應爐。

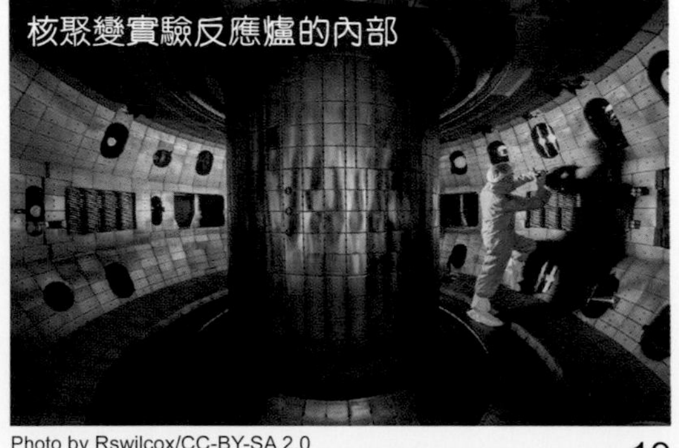

核聚變實驗反應爐的內部

磁力跳樓機

用具：紙杯、膠樽蓋、可折曲飲管 ×2、磁石 ×2（其中一塊要比膠樽蓋細小）、圖釘、萬用貼、膠紙、水瓶

1 在紙杯側面接近底部的地方鑽一個洞，插入一枝可折曲的飲管。

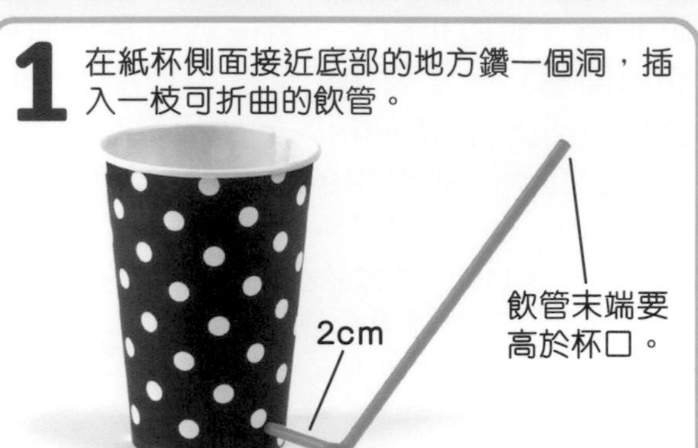

2 用膠紙在飲管末端接駁另一枝 L 狀的飲管。

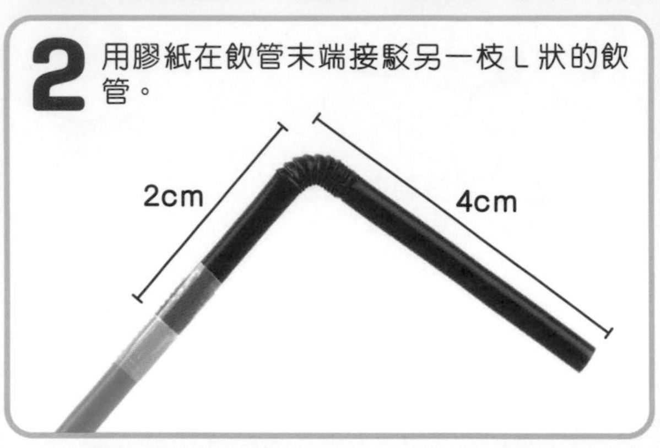

3

用萬用貼填封飲管及紙杯間的空隙。

4 以大磁石吸着小磁石，並如圖於 2 塊磁石貼上萬用貼。

5 利用剛才貼上的萬用貼，把小磁石固定在膠樽蓋內側。

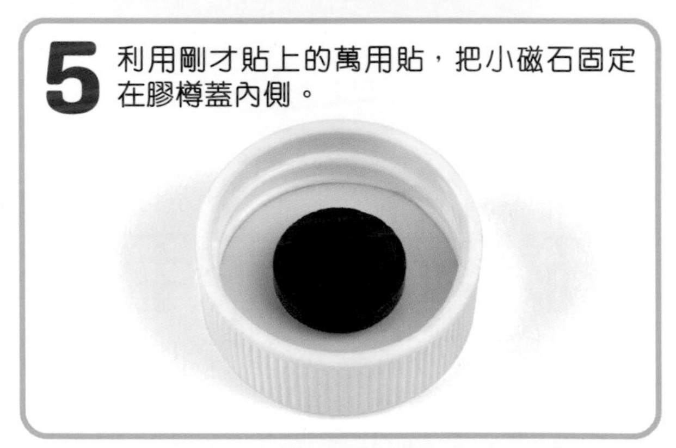

6 大磁石則貼在紙杯底。

7 將飲管口置於杯口以上，再於杯內注水，然後放上膠樽蓋。

8 以屈曲飲管來控制，將杯內的水慢慢放走。

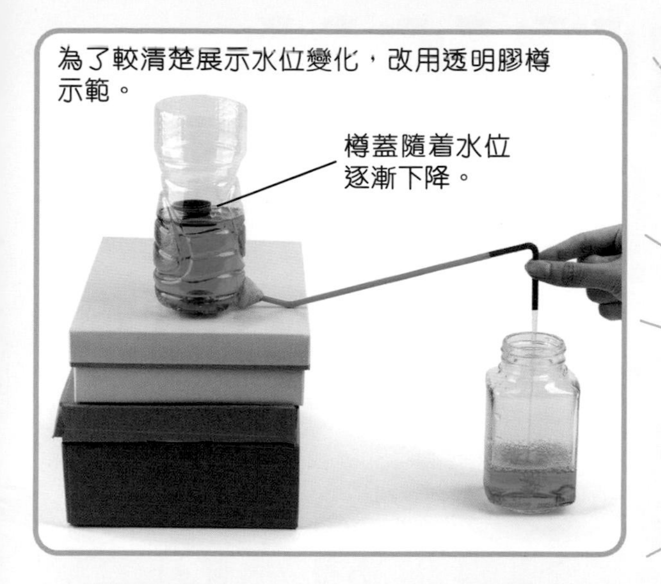

為何磁石可浮在水面？

磁石是一種金屬，通常會沉到水底。不過，若磁石被放在樽蓋內，就能像乘船那樣浮於水面上。

根據亞基米德原理，物件排開的水量愈多，產生的浮力就愈大。當水位仍很高時，兩塊磁石幾乎不會互相吸引，樽蓋只排開極少的水，僅靠細小的浮力已能浮起。

當水位愈低，樽蓋中的磁石受到的磁吸力便愈大，令樽蓋逐漸沉入水中。但同時樽蓋排開的水量變多，浮力也變大了，仍足以抵抗磁吸力。

最後整個樽蓋沉沒時，其排開的水量不再增加，浮力已達至最大，卻仍小於磁吸力。於是，樽蓋就連同磁石一同被吸到樽底。

IQ 挑戰站 腦筋

萊特姊妹搬家了

萊特姊妹即將搬到兒科市的新居。

Q1

搬家前，她們各自把自己的私人物品放進紙箱。萊萊鳥裝了 20 個紙箱後，如圖堆了起來。她要在箱外寫上自己的名字，以免和特特鳥的箱搞混。如果不移動任何箱子，有多少個箱是無法寫上名字的呢？

20cm
30cm
兒科市
30cm
80cm
20cm
120cm

Q2

她們來到兒科市，看到市旗呈長方形，大小是 80 x 120 cm，旗的中央有一個菱形。菱形面積佔整塊旗面積的幾分之一呢？

哎呀，我忘記了菱形的面積公式……

不要緊，先在旗的中央畫十字，再應用長方形和三角形的面積公式，就能算出來了！

Q3

有一天，萊特姊妹在兒科市一家甜品店喝下午茶。她們買了一件朱古力蛋糕，形狀呈等邊三角形，邊長 15cm。特特鳥想吃多一些，於是萊萊鳥切了一刀，就把蛋糕分成 5:4 的比例。到底萊萊鳥是在哪一個位置下刀的呢？（請選出正確位置）

Ⓐ 在邊長的 8cm 處　　Ⓑ 在邊長的 9cm 處
Ⓒ 在邊長的 10cm 處

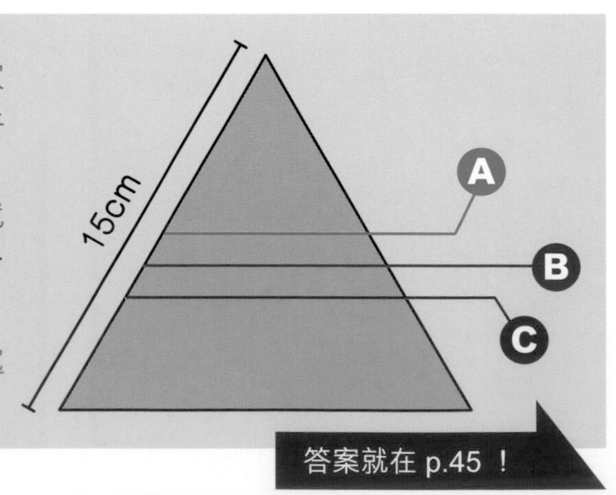

答案就在 p.45！

大偵探福爾摩斯

SHERLOCK HOLMES

科學鬥智短篇53 小偷與貴婦(1)

厲河=改編　鄭江輝=繪

奧斯汀．弗里曼=原著　陳沃龍、徐國聲=着色

福爾摩斯 精於觀察分析，曾習拳術，是倫敦最著名的私家偵探。

華生 曾是軍醫，樂於助人，是福爾摩斯查案的最佳拍檔。

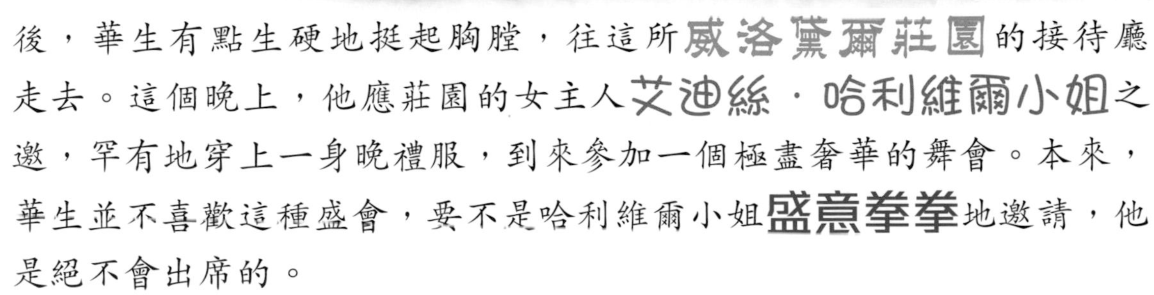

華生脫下大衣和帽子，一邊交給**衣帽間**的僕人一邊說：「今天的賓客真多呢。」

「是的，先生。」僕人遞上**存衣牌**，有禮地應道。

把存衣牌收好後，華生有點生硬地挺起胸膛，往這所**威洛黛爾莊園**的接待廳走去。這個晚上，他應莊園的女主人**艾迪絲．哈利維爾小姐**之邀，罕有地穿上一身晚禮服，到來參加一個極盡奢華的舞會。本來，華生並不喜歡這種盛會，要不是哈利維爾小姐**盛意拳拳**地邀請，他是絕不會出席的。

其實，華生認識這位**千金小姐**也是一個偶然。有一次過馬路時，她突然在路過的華生面前昏倒，就這樣，她成為了華生的病人。此後，她有甚麼傷風感冒都特意老遠地跑去找華生看病，還介紹了不少顧客給他。所以，雖然感到**渾身不自在**，華生也只好**勉為其難**地在這個上流社會的盛會露一露面了。

比起華生的不自在，正騎着自行車赴會的**貝利**，更是感到**如芒在背**，一步一驚心。但是，他不得不出席這個盛會，否則，他不但交不出這個月的房租，甚至連下一頓飯也沒有着落。

一輛輛馬車在他身旁開過，他看到車上的女士全都打扮得珠翠羅綺，艷麗非常。男士們也**西裝革履**，個個派頭十足。他知道，這些車輛和他一樣，去的都是同一個地方——剛剛完成維修的威洛黛爾莊園。

他踏着踏着，當從公路轉進了一條私家路時，一幢**張燈結綵**的巨宅忽然出現在眼前的小山坡上。它在黑暗中宛如一個鑲滿了珠寶的皇冠，顯得分外華麗奪目。**忐忑不安**的貝利不禁放慢了速度，有點遲疑起來。

「能混進去嗎……？要是被人識穿了……怎辦？」他暗自擔心。

畢竟，他只是個**不速之客**，並不在賓客的名單之中。

雖然，他口袋裏有一張請柬，但那是在一家餐廳吃霸王餐時，從鄰桌的紳士那兒偷來的。請柬上寫着的是哈林頓·貝利，姓氏雖然相同，但他的名字叫**奧古斯特斯**，只是一個冒牌貨。

他已不只一次充當冒牌貨了。例如，偽裝成紳士，到高級餐廳吃霸王餐；冒充弔唁者，到人家的葬禮上**順手牽羊**等等，都是他的慣技。不過，這次並不一樣，他從未試過在衣香鬢影的大型舞會中作案。

自行車緩緩地爬上了斜坡道，一陣陣悠揚的音樂傳來，貝利已清楚地看到了莊園的大閘門。他把自行車停下，卻仍騎在車上觀望，顯得有點兒躊躇。他雖然不是個膽小鬼，但也不是個天生的罪犯，所以每次作案時，總會遲疑不定。

「怎辦？進去還是不進去？」貝利心中向自己問道。

叭叭叭叭！

突然，背後傳來了一陣喇叭聲，一輛馬車從他身後駛來。他被嚇得連忙往旁閃避。

哈哈哈哈哈！

馬車在旁邊擦身而過時，他聽到了車內響起一陣歡笑聲。

他知道，車內的年輕人只是在開心地嬉笑，但是，在他耳中聽來，卻像在嘲笑自己——看！那傢伙居然騎車來參加舞會呢！也太**寒磣**了吧！

「哼！狗眼看人低！」貝利心中暗罵，「我還是軍人時，也常參加這種舞會，向我**投懷送抱**的女人還多着呢！」

心中的憤懣激起了他的鬥志，當看到那輛馬車開進了閘門後，他也**匆匆忙忙**地騎車開了過去。幸運地，看門人忙着招呼馬車上的人，並沒有理會他。於是，他順利地溜了進去。

把自行車推進一個空着的車庫後，他跟着從馬車走下來的那幾個年輕人往衣帽間走去。他們**嬉嬉鬧鬧**地脫下大衣和帽子，隨手一扔就把衣帽扔在櫃枱上。貝利見狀，連忙把手套塞進口袋裏，然後脫下大衣和帽子，交給了衣帽間的僕人。

那幾個年輕人接過存衣牌後，有說有笑地走進了接待廳。貝利見**機不可失**，趕忙袋好自己的存衣牌，一個箭步跟了上去。

這是他一向的戰術——**渾水摸魚**！人群就像一池渾濁的水，混在其中就會**神不知鬼不覺**，再來一招擇肥而噬，肯定會**無往而不利**。

「波德伯里少校、巴克·瓊斯上尉、斯帕克上尉、戈德史密斯先生、斯馬特先生、哈林頓·貝利先生！」守在接待廳旁的僕人一邊接過請柬，一邊高聲喊出來賓的名字。

當自己的名字響起時，剎那間，貝利已進入今晚要扮演的角色之中。他挺起胸膛，混在那幾個人之中走進了大廳。這時，他才赫然發現，站在大廳內的年輕淑女們紛紛投以**貪婪的目光**，像找尋獵物似的打量着他們。

「好多單身女人在物色自己的**舞伴**呢。」貝利悄悄地向四周的女士們觀察了一下，馬上得出結

論——這是個為單身女人而設的舞會。

「**蔡特夫人**！格魯皮爾上校！」

當這個通報響起時，就像**一聲號令**似的，令所有人都朝大廳入口看去。趁人們的注意力轉移之際，貝利裝作向熟人打招呼的樣子，一個閃身退到了人群的後面。

「嘿！沒想到這麼順利。」他心中暗喜，「**萬事起頭難**，起了個頭，接着就一定會**滿載而歸**。嘿！我太幸運了！」

為了儘量避開淑女們的視線，他不動聲色地走到角落去。不過，他細心觀察了一下周遭的環境後，就知道不用太過擔心了。因為，場內俊男多的是，就算他被一些女士看中了，相信她們很快就會轉移目標，馬上把自己**拋諸腦後**了。

這時，剛才那怦怦作響的心跳已逐漸回復正常。不過，為了儘快進入狀態，他知道必須去取一杯酒，除了借酒精來鎮靜情緒外，那還是一個有用的**道具**。騙子和演員差不多，都需要道具來**輔助演戲**。在這個場合，一杯酒是適合不過的了。

想到這裏，他雙眼越過人群的肩膀，去找尋酒杯的蹤影。突然，人群中揚起了一陣輕輕的騷動，他不禁朝着騷動的方向看去——

「**啊……！**」霎時間，他呆住了。

「蔡特夫人，歡迎大駕光臨啊。」一個貌似女主人的年輕淑女，正在與一位衣着華麗的貴婦人握手。

「**蔡特夫人？**她……她不是那個……多年不見的**美國女孩**嗎？」貝利赫然一驚，他一眼就認出了她。那是一張令人難以忘懷的臉。多年前的回憶有如泉湧般在他的腦海中**翻騰**……

當年，自己還是軍中少尉時，在一次軍隊辦的舞會中認識了她，更自自然然地手拉着手，隨着悠揚的音樂**翩翩起舞**，一起跳了好多好多支舞，直至**筋疲力盡**為止。

在舞會結束後，我和她都**依依不捨**地留了下來，還依偎在一起談天説地，天真無邪地説了些人生啦、做人的價值啦等等高尚的話題。不，我記得，自己還**繪影繪聲**地説了些女孩子最喜歡聽的鬼故事呢。

可惜的是，自此之後，再沒見過這個漂亮的美國女孩。她，就像人生中與自己**擦身而過**的各色各樣的女子那樣，在記憶中逐漸褪色，最後更消失得**無影無蹤**。

「她叫甚麼名字呢？」貝利努力地喚起記憶，卻無法想起來。本來，她就是自己人生中的一個**過客**，想不起她的名字是理所當然的。不過，她又回來了，還活生生地站在那裏。跟自己一樣，當年的青春氣息已**蕩然無存**，但是，她依然美艷動人，而且顯得更**雍容華貴**。

看！她胸口上那顆閃閃發亮的**寶石**啊，多麼美麗！多麼惹人艷羨！

你！看看你自己！也活生生地站在這裏，卻變成一個寒磣的小偷！你！只懂得**順手牽羊**，是個偷到一枚胸針就會**喜不自勝**的小偷！

貝利自慚形穢地低下頭來暗想：「不妙！既然我認得她，説不定她也認得我！」

想到這裏，他悄悄地溜到外面的草坪去，點着隨身攜帶的小煙斗，使勁地抽了幾口，思考着萬一被認出來了，要找個甚麼藉口**瞞天過海**，然後儘快抽身而退。

這時，一個紳士走近，向他打了聲招呼後，**百無聊賴**地仰望着夜空説：「今晚的月色不錯呢。」

「是的。」貝利望了望天空，又往紳士打量了一下。

「裏面又吵又熱，還是這裏好。」紳士自我介紹，「我是**華生**，當醫生的。」

「華生先生，看來你和我一樣，不太適應這種喧鬧的活動呢。」貝利感到對方沒有威脅，就**閒話家常**似的說，「我是當兵的，叫**羅蘭德上尉**。」

「啊！我也曾參軍，在阿富汗當過軍醫。」華生說。

「是嗎？」貝利為免對話太過深入而暴露身份，連忙岔開話題，「你的**舞伴**呢？不怕她寂寞嗎？」

「我一個人來，沒有帶舞伴。」華生靦腆地笑道，「不過，剛才認識了一位**格蘭比小姐**，和她跳了一支舞。」

「我本來是應一位女士邀請而來的，她自己卻臨時缺席了。」貝利撒了個謊，「現在變成**孤身一人**了。」

「這可不好。」華生自告奮勇，「我叫格蘭比小姐為你找一位舞伴吧，她說在這裏有好多朋友，就連那位**美國寡婦**蔡特夫人她也認識呢。」

「美國寡婦？」貝利心中赫然，「原來……原來她的丈夫已死了。」

「怎樣？要我介紹嗎？」

「啊……好呀，就跳一兩支吧。」貝利回過神來說，「讓我抽多幾口煙，待會和你一起回去。」

接着，兩人說了幾個**無關痛癢**的話題後，就回到屋內去了。

「你先喝杯香檳，我把格蘭比小姐找來。」華生說完，就鑽進了人群之中。

喝了兩杯香檳，吃過一塊三明治後，貝利感到心情輕快多了，因為他已好幾天沒**正正經經**地吃過一頓了。很快，華生找來了那位格蘭比小姐。看來她才十七八歲，但在舉止之間，卻處處顯露出淑女的風範。不一刻，貝利發覺，自己已跟一位**風韻猶存**的中年婦人在人群中**翩翩起舞**。

嚓嚓嚓……嚓嚓嚓……嚓嚓嚓……舞步夾雜着衣襬磨擦的聲音不斷在耳邊響起。隨着醉意和不斷迴旋的舞步，他心中浮起了**飄飄欲仙**的感覺。

「太美妙了！這感覺好熟悉，又好遙遠啊！」貝利沉浸在醉意滿溢的回憶當中，「當年，每個週末的晚上，我不都是這樣度過的嗎？那個時候，我不必為還賭債**鋌而走險**；也不必為躲避警察而惶恐不安。我是一個**年輕有為**的少尉……我的前途無可限量……」

甜美的時光在貝利的腦海中與舞步一起不斷轉啊轉……

突然，音樂無情地**戛然而止**，一支舞曲完了。他的頭腦霎時清醒過來，在另一支舞曲響起時，他依依不捨地把舞伴交給了一位已醉得有點**口齒不清**的中尉。

是時候了！趁大家喝得醉熏熏時，必須動手了！

「為了壯壯膽子，再喝一杯吧！」他說服自己往酒吧走去。正當要拿起一杯香檳時，突然感到有人輕輕地**碰**了一下他的胳膊！

他如**驚弓之鳥**般赫然一驚！

對他來說，這種觸碰並不陌生。**警察！**只有警察，才會這樣出其不意地碰你一下，然後冷冷地一笑，再把你逮住！

他戰戰兢兢地回過頭去——

「**啊！原來是她！**」貝利張大了眼睛，心中又驚又喜。

「怎麼了？難道記不起我來了？」蔡特夫人有點兒羞澀地盯着他。

「怎會？我怎會記不起你！」貝利為了掩飾自己的恐慌，連忙提高聲調說，「你……你叫甚麼來着？真抱歉，我已忘了你的名字。不過，樸茨茅斯的那場舞會，就像昨天發生那樣，叫我**歷歷在目**啊！我還常常想着，要是能再見到你就好了。沒想到，今晚竟然**夢想成真**！」

「是嗎？很高興你記得我。」蔡特夫人**喜形於色**，「好懷念啊！你知道嗎？我常常想起那個晚上，你是我一生中遇過的、最合拍的舞伴。對了，我們還談了很多。我記得……你是個對生活充滿了熱情的大好青年，你有理想……有抱負……偶爾，我會想，那個青年怎麼了？他……在幹甚麼工作呢？沒想到……眨眼之間就過去了那麼多年。」

「是的……」貝利深有所感地說，「真的是**往事如煙**啊！不過，我知道自己已**青春不再**。但你不同，簡直是青春常駐，和當年沒有兩樣啊！」

「**胡謅！**」蔡特夫人嬌嗔地說，「你不像以前那麼純真呢。當年你不會說奉承的說話啊！不過，也許……也許當年也沒必要說吧。」

雖然她的語調之中流露着責備，但臉上卻充滿了欣喜，最後那句說話，甚至洋溢着深深的**思念之情**。

「沒有奉承，絕對沒有。」貝利真情實意地說，「其實，你剛才一進來，我就認出來了。我心想，歲月對我如此**冷酷無情**，對你卻那麼**寬大為懷**。太不公平了。」

「怎會呢？你只是多了幾根白頭髮而已。對男人來說，白頭髮又算得上甚麼呢？它們就像衣襟上的獎章和袖口上的花邊，令你看起來更有**氣派**和更**成熟**罷了。對了，你現在已升任上校了吧？」

「不。」貝利搖搖頭，「我在數年前已退役了。」

「啊，太可惜了！」蔡特夫人說，「我一定要聽聽你這些年來的**經歷**。但現在不行，我答應了舞伴跟他跳一支舞，待會跳完這支舞後，我們到外面聊聊吧，好嗎？對了，我忘了你的名字。不，我好像一開始就沒記住你的名字。不過，我並沒有忘記你。莎士比亞說過：『**名字又算得上甚麼呢？**』」

「說得對，莎士比亞總是對的。我叫羅蘭德——**羅蘭德上尉**。你想起來了嗎？」

蔡特夫人想了想，但馬上放棄了，她邊打開舞曲表邊說：「一起跳第6個舞曲如何？」未待貝利回答，她已把他的名字填了上去。當然，那只是個**假名**。

「待會見，是第6個舞曲，別忘了啊。」蔡特夫人**回眸一笑**，然後像風一樣似的走開了。

貝利鬆了一口氣，他察覺到，自己已引起了周遭的注意。這也難怪，一個陌生的臉孔與富貴的美國寡婦**談笑甚歡**，又怎會不引來好奇。出於本能，他知道自己必須馬上遠離眾人的目光。

低調行事，這是當小偷的鐵則！

想到這裏，他悄悄地離開了大廳，又走到外面的草坪上去。他看到，草坪上**零零星星**地站着一些賓客，看來都是出來透透氣的。當中，還有那個叫華生的醫生。

貝利不想再跟那位醫生交談，以免被他記住自己的臉孔。他急急走進大宅旁的一條小路，朝不遠處的灌木林走去。不一刻，他穿過一道攀滿了藤蔓的拱門，再走過一條**彎彎曲曲**的、長滿了矮樹的小徑，走下了一道斜坡。

這時，他看到前方有兩棵大樹，樹之間還有一張**長凳**，於是就走過去坐了下來。他心中盤算着該編一個怎樣的故事去糊弄一下蔡特夫人，以免引起懷疑。不過想着想着，他很快就陷入了痛苦的沉思之中。

簡直就是**天國與地獄**，這裏如天國般**美侖美奐**，舞池中擠滿了美女和俊男，但我那個小得可憐的公寓呢？連空氣都充斥着貧窮和悲慘的氣味。窗外不遠處的巨大煙囪**長年累月**地噴着刺鼻的黑煙；四周的工廠被煤灰熏得黑漆漆；旁邊的河流散發出**中人欲嘔**的臭氣。啊！住在那裏比住在地獄還要糟糕！

對，簡直就是**天國與地獄**。可憐的是，我待會就要從這個天國

回到那個地獄去，**對比**實在太強烈了！我能夠忍受嗎？

「哎呀，我怎麼了，我不是要編故事嗎！竟想着這些事情，實在太無聊了。」他歎了口氣，又搖搖頭，接着掏出一根火柴，想點着手上的小煙斗——

突然，不遠處的小徑上傳來了說話的聲音。

「唔？是一男一女，他們正朝這邊走來！」貝利為免引起疑心，慌忙起身離開。可是，小徑的另一頭也傳來了一對男女的笑聲，擋住了他的去路。在**進退兩難**之際，他閃到長凳旁邊的大樹後面，躲了起來。這時，他才注意到樹後是一道斜坡，他正好站在**斜坡**的邊緣上。

不一會，那對男女走近了。女的背着大樹，在長凳上坐了下來。

「我的牙痛得很厲害，想在這裏歇一會。」那個女人說，「這是我的存衣牌，麻煩你去把我的小包拿來，裏面有一瓶止痛藥水和一包藥棉。」

「這……這不是蔡特夫人的聲音嗎？」貝利心想。

「夫人，我不能讓你一個人留在這裏啊。」那個男人說。

「我要那瓶藥水，拜託，快去把它拿來吧。嗚！好痛啊。」蔡特夫人有點生氣了。

「好的、好的，我馬上去拿。」男人慌忙答應。接着，一陣急促的腳步聲遠去了。

隨之而來的，是小徑另一頭那對男女，他們的笑聲愈來愈近，最後經過長凳的前面，漸漸走遠了。接着，貝利聽到了幾下**呻吟**，又聽到蔡特夫人挪動身體時，長凳發出的「嘎吱嘎吱」的聲響。

「太失策了！剛才堂堂正正地迎面走過去，反而不會引起懷疑。」貝利心中懊惱，「現在走出去的話，肯定會把夫人嚇得花容失色。怎辦才好呢？」

還在猶疑之際，剛才那個男人已跑回來了，他喘着氣說：「夫人，你的東西拿來了。」

「波德伯里少校，太好了！」蔡特夫人高興地說，「麻煩你幫我打開小包，我自己會處理這顆可惡的牙齒。」

「可是，留下你一個人在這裏——」

「不用擔心。」夫人打斷少校的說話，「沒人會來這裏，下一支舞是華爾滋，你快去找個舞伴吧。」

「這……好吧。」少校的聲音仍有點猶豫。

「快去吧！」夫人不耐煩了，「謝謝你的體貼，但我不想別人看到我處理牙齒時呼呼叫痛的樣子啊。」

少校看來萬般不願意，但也只好踏着猶豫的步伐走開了。

隨後，貝利聽到夫人擰開了瓶蓋，於是，他悄悄地從樹幹後伸出頭去窺看，只見夫人從一大塊藥棉上扯下了一小塊，並蘸了些藥水，又微微地仰起頭來，把藥棉塞進口中。

「嗚……」他聽到了夫人發出輕輕的呻吟。

就在這時，夫人前臂上的手鐲在月光的映照下閃了一下。

貝利不禁吞了一口口水，心中暗想：「那手鐲……最少也值50鎊吧？」

「嗚……」夫人又呻吟了一下。

貝利往四周看了看，一點動靜也沒有。於是，他壯着膽子把頭伸前，從夫人的肩頭看過去。

「**啊……！**」他看到，那顆吊在項鏈上的**寶石**，正在夫人的胸口上微微地起伏着。

「那……那顆寶石……值……值……」突然，他聽到自己的心臟**怦怦作響**，又感到額上滲出了幾滴冷汗。他慌忙退到樹後，並閉住呼吸，強行讓自己鎮靜下來。可是，心臟並不聽使喚，仍在怦怦亂跳。

「走吧！我不能向她動手，馬上走吧！」他心中對自己喊道。

可是，兩條腿並不聽使喚，他仍一動不動地站在樹後。

就在這時，一陣風輕輕吹過，傳來了一股**藥水的氣味**。不知怎的，這股氣味令**躊躇不前**的貝利霎時冷靜下來。他從樹後再探頭看去，看到夫人已靠在長凳上**閉目養神**。不過，這次他還看到，放在夫人身旁的那瓶止痛藥水和藥棉。

「動手吧！這是**千載難逢**的好機會！」一個聲音在耳邊催促。

貝利**不動聲色**地伸出手臂，輕輕地抓起藥瓶和藥棉。隨即，他又迅速退到樹後。等了一會，他才緩緩地打開藥瓶，把藥水全倒到藥棉上。緊接着，他一個閃身竄到夫人身後，一手就把藥棉**捂**住了她的口和鼻。

下回預告：蔡特夫人遇襲昏迷，幸在華生搶救下甦醒過來。福爾摩斯插手調查，但蘇格蘭場只在貝利留下的大衣中找到一把門匙、一張車票和一雙手套，他如何追尋貝利的下落？

科學快訊

人體

人類基因排列重大突破！

1990 年，「人類基因組計畫」正式開始，目標是將人類的基因組鉅細無遺地排列出來。各國科學家經過 13 年的努力，完成了當中的 92%。今年，科學家宣佈餘下的 8% 也終於排序完成。

←人體由無數細胞組成，每個細胞都有 46 條染色體，並分成 23 對。若把每條染色體放大來看，大約就是這樣子：

染色體由一條雙螺旋狀的長鏈（亦即 DNA）捲曲而成。此螺旋其實是 DNA 的骨架，用來讓許多稱作「鹼基」的特殊分子附於其上。

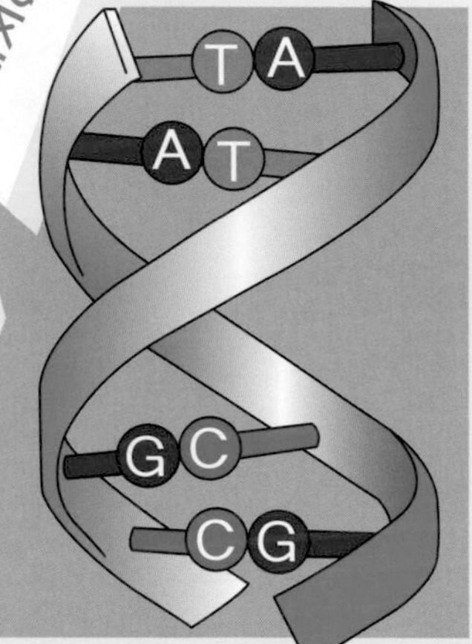

←鹼基只有 4 種，代號分別為 T、A、G 和 C。它們位於螺旋內側，一對一對地排列，形成「鹼基對」，而人類的鹼基對多達 32 億個！

由於 T 只可跟 A 一對，G 只可和 C 一對，於是形成 TA、GC、AT、CG……等排列。

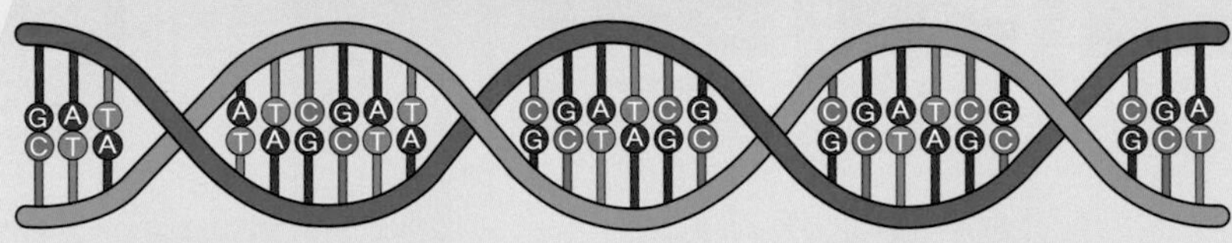

↑鹼基對排列分成多個小段，稱為「基因」。每段有數千至數百萬個鹼基對。每個基因負責製造數百種蛋白質，那些蛋白質則用來維持人體正常運作。

只要比較健康的人和病人的基因排序差異，就能研究更多醫學問題。例如患有某些疾病的人，或是特別容易患上某些疾病的「高危人士」，其基因有何變化或特點？

1860年6月，英國**牛津大學**召開科學會議，其中一項議題是討論達爾文的「**進化論**」，正反雙方為其展開辯論……

「赫胥黎先生*，請問你祖父還是祖母乃由**猿猴**所生的？」當反對進化論的韋伯福大主教譏諷他的對手後，連串嘲笑聲也在大廳裏**此起彼落**。

這時，捍衛達爾文學說的**赫胥黎**不慌不忙地從座位站起來，嚴肅地反駁道：「當猿猴的後代並不可恥，真正感到可恥的是那些以巧舌蒙蔽真相、混淆視聽的文明人！」話音剛落，身後的支持者隨即爆出熱烈的**掌聲**。

「簡直大逆不道！」

「根本是一派胡言！」

面對那極為大膽的言論，主教**無言以對**，反倒是其他人不肯**善罷甘休**，抗議聲與辱罵聲在場內不絕於耳。不過赫胥黎的同伴亦非省油的燈，紛紛起來回擊。

「進化論才不是一派胡言！」

「你們才是既傲慢又自以為是的一羣人！」

雙方**劍拔弩張**，爭論聲持續不斷。這時在主教陣營內，一名紳士猛然站起來，高舉手上的《聖經》，**激動**地高呼道：「一切的事實就在這兒！大家必須相信……」

*湯瑪斯．亨利．赫胥黎 (Thomas Henry Huxley) (1825-1895)，英國生物學家。

只是四周吵得太厲害，沒有人聽清他在說甚麼。

最後，會議的主持人奮力叫道：「各位請先肅靜！肅靜！費兹羅伊先生也請放下你的《聖經》，冷靜下來吧！」

那個叫費兹羅伊的男人坐下來，喃喃說道：「若當年早知道會發生這種事，我一定不讓那傢伙登船的。」

昔日他帶領船員，乘着「小獵犬號」環遊世界，而達爾文則在旅程中尋找生物進化的證據，並於歸國二十多年後出版《物種起源》一書*，提出進化論。費兹羅伊想到自己參加這場會議，原是要以「風暴」為題演講，並介紹嶄新的天氣預報系統，沒想到卻諷刺地被捲進「那傢伙」引發的巨大「風暴」中。

羅伯特．費茲羅伊 (Robert FitzRoy) 集合了保守與創新的矛盾特質。一方面，他守舊地認為進化論是對上帝創造完美世界的褻瀆；另一方面，捉摸不定的天氣自古被視為神跡，他卻試圖從中找出特定規律。

其實，他和達爾文的工作可謂殊途同歸，只是發展方向不同。達爾文一直小心翼翼地回溯大自然的過去，推論物種的進化因果；相反費兹羅伊則努力鑽研氣象變化，無畏地預測大自然的未來。

貴族精英

1805年，費兹羅伊生於英國阿姆普頓*。父親查爾斯是陸軍將軍，亦曾任國會議員；母親法蘭西絲則為第一代倫敦德里侯爵的女兒。若追溯過去，費兹羅伊更是英王查理二世 (Charles II) 的六世孫，其家世可謂顯赫至極。

身為上流貴族精英的後代，他自小就展現出無畏的冒險精神，並鍾情於「航海事業」，這在童年的一件事上可見一斑。

一天下午，小小的費兹羅伊鬼鬼祟祟地走到空無一人的洗衣間，看到一個足有自己半身高的大木盆時，露出了頑皮的笑容：「嘿嘿，是時候了。」

他費力地將那木盆推啊推的，一直從洗衣間的後門推到屋外花園的水池中。為了令「船」身在水上更穩定地漂浮，他把兩塊磚放到

*欲知達爾文的生平，請閱《誰改變了世界》第3集。
*阿姆普頓 (Ampton)，英國東部的村落。

盆內。當一切準備就緒，他便取過一枝竿子，緩緩爬到盆上，如故事中的船長般大喊：

「**起航！**」

說着，他將竿子插到池底，再**用力一撐**，木盆就慢慢移離池邊，向池中央駛去。

費茲羅伊以竿子控制方向，令木盆一直漂向對岸，玩個不亦樂乎。只是常言道「**樂極生悲**」，他玩着玩着，突然身子不慎一歪，失去了平衡，令盆子也順勢翻轉，結果就掉到水中。

正當他**驚惶失措**之際，一隻手破水而進，抓住其衣領，他瞬即就被提出水面。他仰頭一望，原來那是園丁先生。對方苦笑着問：「少爺你在幹甚麼啊？現在還不是游泳的時候呢。」

雖曾遇溺水，但費茲羅伊對航海的興趣**與日俱增**，11歲時入讀著名的哈羅公學*，約一年後轉至樸茨茅夫*的皇家海軍學院，成績**名列前茅**。1819年秋天，他以見習軍官身份，在英國皇家海軍的護衛艦「奧雲．格倫道爾」(HMS *Owen Glendower*) 實習，表現優異。

1824年，他回國接受**晉升考核**。面對眾多嚴厲的考官，年僅19歲的他展現出色的才幹和敏捷的應變能力，一一解答對方的問題，最終獲得**滿分**成績，順利成為**上尉**。

接着，費茲羅伊先後在忒提斯號 (HMS *Thetis*) 和恆河號 (HMS *Ganges*) 工作，累積經驗，亦磨練出精準觀察環境與天氣的眼光。同時他努力學習其他知識，**閱讀**各種各樣的書籍。據說他在自己的船艙內塞滿數以百計的書，以便學習各種**語言**如拉丁文、法文、意大利文，還有最新的**科學資訊**。

*哈羅公學 (Harrow School)，創建於1572年。
*樸茨茅夫 (Portsmouth)，英國東南部的沿海城市，是著名的軍港。

小獵犬號的冒險旅程

自1825年起，英國政府對**南美洲**展開大規模的**考察**行動，以便拓展其勢力。海軍部派出多艘艦艇，在南美沿岸游弋，讓人們繪製海岸線，探索地貌。

1828年，在南美火地羣島執行任務的**小獵犬號**船長斯托克斯*自殺身亡。為填補其空缺，仍在恆河號服役的費茲羅伊被任命為小獵犬號的**臨時船長**，勘查**麥哲倫海峽***。該海峽位於南美洲南部，貫穿大陸與其南端的火地羣島。船隻可從中往返大西洋與太平洋，只是當時人們對其所知不多。

於是，1829年費茲羅伊率領船員，駕駛小獵犬號進入海峽。時值4月，南半球進入冬季，變得十分**寒冷**，平均溫度不高於攝氏5度。而且當地天氣**變幻不定**，可在數小時內從晴朗天氣，轉瞬間陰雲密佈，颳起狂風，甚至出現夾雜冰雹的風暴。

有一次為探索一條支流水道，費茲羅伊與數個下屬划着小艇前往探查。其間風勢突然轉強，平靜的海面翻起**洶湧大浪**。小艇被浪拍打得**顛簸不定**，海水更不斷湧入艇內。那時他當機立斷，立即指揮船員，一面將海水撈掉，一面奮力划槳轉向，返回較平靜的小灣。最後，他們終於成功**全身而退**，安然與小獵犬號會合。

旅途中，費茲羅伊每天都**觀察天氣**，亦被其**變幻莫測**的現象吸引。他利用六分儀、羅盤、經緯儀、水平儀、氣壓計、雨量計等儀器做**測量**工作，收集數據，例如四周溫度、大氣的濕度、氣壓、海水深度、山丘高度、陸地入海的傾斜度等。他希望找出天氣變壞的**先兆**，及早防備，並為日後的**氣象研究**奠下基礎。

*普林格・斯托克斯 (Pringle Stokes，1793-1828年)。
*麥哲倫海峽 (Strait of Magellan)。

至7月小獵犬號離開海峽，再沿外圍繞過南美洲南端。他們一邊勘探地形，一邊繪製地圖，到1830年10月才返回英國。

費茲羅伊順利完成工作，獲上司讚賞，還結識到皇家海軍水文學家**蒲福***。所謂**水文**，就是研究地球上的水的各種性質，包括水循環、水資源分佈、海洋湖泊等各種水體的流動狀況與成分等，這對海軍航行是十分重要的資訊。不過，蒲福最為人所知的是其對風的研究。他將風力按強弱作等級劃分，提出的「**蒲氏風級**」至今仍為人採用。

蒲福鼓勵費茲羅伊展開第二次南美勘探計劃。只是，費茲羅伊在上次考察時，有感對岩石等地質知識不足，遂請對方引薦一位**博物學家**，在旅程中**相伴**，以開拓眼界。

於是蒲福去信劍橋大學，請教授皮科克*幫忙尋找合適人選，而皮科克又寫信請同僚亨斯洛*舉薦。亨斯洛想起**達爾文**，便寫信通知這位對自然科學深感興趣的畢業生，請他與費茲羅伊見面。經過一番轉折，達爾文成了小獵犬號的一員，展開旅程。

途中二人大抵上**相處融洽**，卻在一些觀點出現**分歧**。例如達爾文深入安第斯山脈時，發現大量貝類。他估計該處在遠古時是海底，因**地殼變動**而變成高山，連帶那些海洋生物也一併升上來，認為那是地殼變動的證據。然而，費茲羅伊卻不以為然，固執地相信上帝創造的大地**永恆不變**。他反駁，那些海中生物會身處高山，是由於遠古大洪水將其沖到山上造成的。

經過5年時間，小獵犬號於1836年返抵英國。1839年，二人**出版**了《英國皇家海軍探險號與小獵犬號勘探航程記事》*。當中分成4卷，詳細記述航海情況。其中第3卷由達爾文撰寫，後來更獨立成《小獵犬號航海記》*一書。

*弗朗西斯・蒲福 (Francis Beaufort，1774-1857年)，英國水文地理學家，官至海軍少將，亦是皇家天文學會成員。
*佐治・皮科克 (George Peacock，1791-1858年)，英國數學家。
*約翰・史蒂文斯・亨斯洛 (John Stevens Henslow，1796-1861年)，英國司鐸、植物學家與地質學家。
*《英國皇家海軍探險號與小獵犬號勘探航程記事》(*Narrative of the Surveying Voyages of H.M.S. Adventure and Beagle*)。
*《小獵犬號航海記》(*The Voyage of the Beagle*)。

雖然費茲羅伊不相信地質變化，卻認為變幻莫測的天氣有其規律。他不斷勘察南美洲海岸，記下各大城市的經緯位置、附近海域深淺等。同時測量**大氣變化**，仔細記錄各種數據，利用蒲氏風級表將不同風速的風**分門別類**，試圖以科學方法解釋天氣現象。

天氣預報系統的組成

自旅程結束後，費茲羅伊曾獲派不同工作，自1843年被委任為**新西蘭總督**，2年後被召回；1848年成為軍艦阿拉戈號 (HMS *Arrogant*) 的船長，到1850年正式自海軍退役，次年被選為皇家學會成員。1854年，英國商務部成立「**氣象局**」。他再次擔任公職，獲委任為該部門的**局長**。

自古以來，天氣對航海者的影響甚深。例如漁船出海，一旦受**突如其來**的風暴襲擊，不但會造成**人命傷亡**，更令船主**損失慘重**，引發的經濟打擊亦使政府非常困擾。

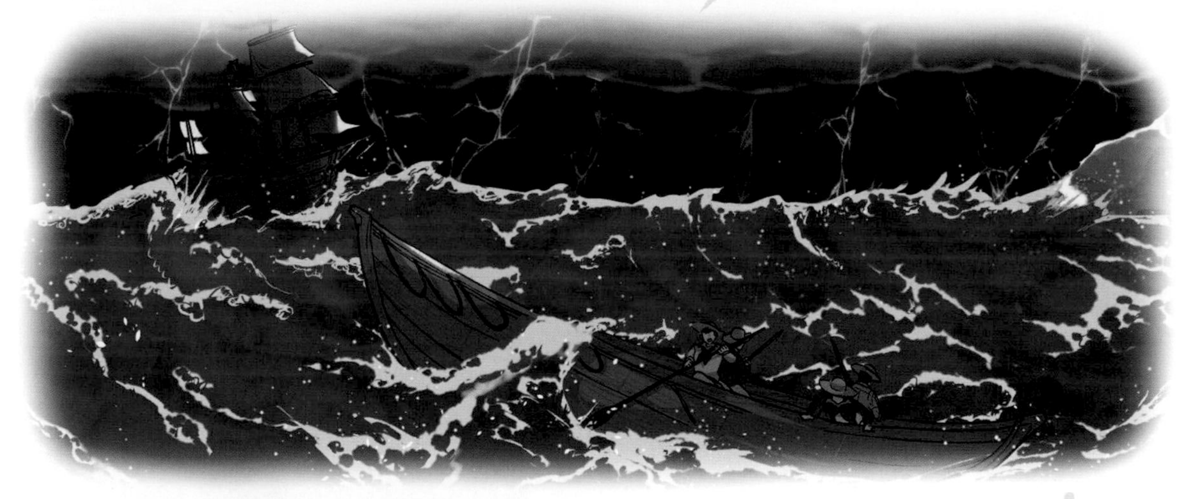

直到18至19世紀期間，氣象研究發展**一日千里**，許多以前無法解釋的天氣現象，都在眾多科學家努力探究下而得到闡明，預測未來的天氣似乎不再是**天方夜譚**。英國政府就是為了保障船隻安全，避免被風暴摧毀，減少經濟損失，才成立這個以科學方法研究天氣的部門。

由於費茲羅伊擁有多年航海經驗，加上其對天氣的觀測研究，正是擔任氣象局局長的**不二人選**。不過，他接受職位的目的與政府的動機有些不同。他真心真意希望透過風暴預警系統，去**挽救人命**，避免傷亡。

費兹羅伊上任後，購買大量測量儀器，並要求對其嚴格測試，確保運作正常。另外，為使數據來源廣泛準確，他把全國分成多個**氣象區**，聘請人員觀察天氣。同時，他亦親自寫信給各地船主和航運公司，解釋收集天氣資料符合**經濟效益**，説服他們將儀器安裝到船上，以便航行時在海上收集數據，再把資料透過鐵路或電報盡快送回倫敦總部。他提出每艘船可獲50先令**報酬**作為誘因，亦向鄰近法國與西班牙政府索取氣象數據，務求建立強大的**觀測網絡**。

之後，他與手下的製圖員根據收集到的資料去繪製多幅**氣象圖**。他們把地圖分成許多面積相同的方格，再將温度、氣壓、風向等資料畫在圖上。透過資料變化的**趨勢**，就能較準確地**預測**未來短期的天氣發展，例如會否下雨或出現風暴。

1861年8月1日，費兹羅伊發出第一個**天氣預報**。此後氣象局每天都會對各地的觀測數據加以整理，繪製出氣象圖，再將天氣預報發往《**泰晤士報**》刊登，這樣人們便能透過報章得知該日的天氣了。

後來，費兹羅伊進一步在港口建立**風暴信號預警系統**，以避免船隻冒險出海。他利用一種由巨型**圓錐體**和**圓柱體**組成風暴警示標誌，豎於長竿上，懸掛於港口，以提醒船員近來有否風暴。

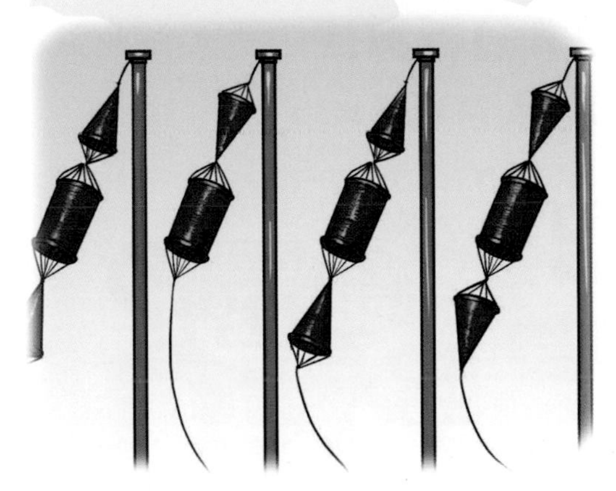

←左圖就是風暴警示標誌，一個圓柱體加上一個圓錐體表示危險風暴即將來臨。當中圓錐位置和尖端指向則表示風向，例如圓椎位於圓柱上方，且尖端朝上，就表示風是來自北方；若圓椎在圓柱下方，尖端朝下則代表南風。

天氣預報吸引不少人注意，甚至連**維多利亞女王**也曾遣人到氣象局詢問天氣，以便計劃外出行程。

只是，在天氣預報系統實施數年後，**反對聲音**卻漸增。究其原因，主要是雖然它改善了以往人們無法預測天氣的閉塞狀況，但其速度始終**不夠快**。當時氣象局只能預測第二日的天氣，而報章發行需時，有時出現預報發出半天後人們才知曉的情況，令用處大大減低。另外，工作人員誤判天氣趨勢而引發**預測錯誤**，亦易令大眾失去信心。

此外，船主須根據預警來決定船隻是否出海，反而導致工作延誤，造成損失，故對其非常**不滿**。另一方面，商務部認為氣象局花費巨大卻效率不夠高，表達將部門裁汰的意見。

在眾人的**冷嘲熱諷**下，費茲羅伊承受的壓力不斷增加，更患上抑鬱症，最後於1865年**自殺身亡**。之後國會趁機下令**停辦**氣象局，以減省開支。

事實上，並非所有人都為此**額手稱慶**，許多漁民和水手都認為風暴預警確實有效，讓性命得到保障；一些沿海的貿易公司亦覺得系統帶來的好處多於壞處；而大多氣象學家更不認同那是浪費金錢。他們紛紛加入聲援陣營，投書政府，要求**恢復**系統運作。

最後，英國政府終於妥協，批准氣象局對風暴情報的收集和分析，默許其重啟天氣預報工作。後來其他國家加以**仿傚**，建立氣象辦公室，探究天氣的規律。

現時全球有超過一萬個**氣象站**，利用精密儀器觀測四周的天氣變化，再通過上空的人造衛星、地面的各種交通工具，還有地下光纖網路，將信息傳至世界各地，以電腦大規模**分析數據**，建立出費茲羅伊與其同年代氣象學家真正希望實現的天氣預測系統。

有些讀者把機甲恐龍改裝成「清潔龍」，十分有衛生意識。大家平時也要幫忙做家務和清潔家居啊！

陳朗謙

*給編輯部的話

我在恐龍的腳上加裝了小掃把，現在它邊行走邊為我的家清潔了！

希望刊登

真厲害！那你有沒有跟恐龍一起清潔家居呢？

李卓禧

*給編輯部的話

他真是好笑的角色！ ←Mr.A（請評分1-10） 希望刊登

甚麼好笑角色？我是超級大反派才對！不過，念在你把我畫得這麼有霸氣，就只扣你1分，給你9分吧。

梁啟哲

*給編輯部的話

請問數學偵緝有沒有單行本呢？

有！《數學偵緝系列》已於網上書店 www.rightman.net 有售！

電子信箱問卷

劉致靈

萊萊鳥和特特鳥的名字都是來自萊特兄弟，那麼熊貓蔡蔡和倫倫的名字是來自什麼人？

我們的名字來自東漢時代的蔡倫！

他改良造紙術，降低紙張成本，令知識更易傳播。

IQ 挑戰站答案

Q1 如果不移動任何箱子，圖中的3個箱子是無法寫上名字的。

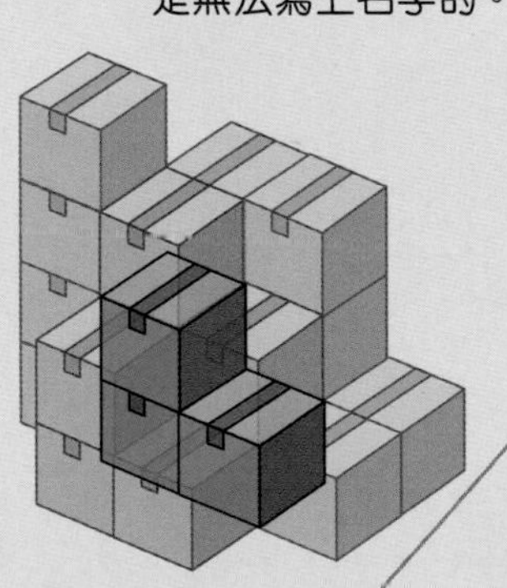

Q2 8分之1。

首先，在圖形中央畫十字，把整面旗平分成4個小長方形，同時，位處中央的菱形也被平分成4個小三角形，所以，只要計算出每個小三角形的面積佔小長方形的面積幾分之一，就等同於計算出菱形佔整面旗的面積幾分之一。

小三角形的2條邊長分別是：

底：(80-20-20) ÷ 2 = 20 cm

高：(120-30-30) ÷ 2 = 30 cm

三角形的面積公式是「底 × 高 ÷ 2」，

因此圖中的小三角形面積是 20 × 30 ÷ 2 = 300 cm²。

而小長方形的2條邊長分別是：

長：120 ÷ 2 = 60 cm

闊：80 ÷ 2 = 40 cm

長方形的面積公式是「長 × 闊」，

因此圖中的小長方形面積是 60 × 40 = 2400 cm²。

最後，把2400分之300約分後，便是8分之1。

Q3

萊萊鳥在「C. 邊長的10cm處」切了一刀，便將蛋糕分成5:4的比例。你可以想像成：她把正三角形蛋糕平分成5+4=9個小正三角形，萊萊鳥吃當中的4小塊，而特特鳥吃當中的5小塊，便符合5:4的比例了。

風從何來？信風與大氣環流

信風是地球大氣環流的一部分，在赤道至南北緯 30 度之間恆常吹拂。這陣風對人類發展影響深遠，在 15 世紀，哥倫布的船隊靠着由東向西的信風，吹動帆船，才成功發現美洲大陸。

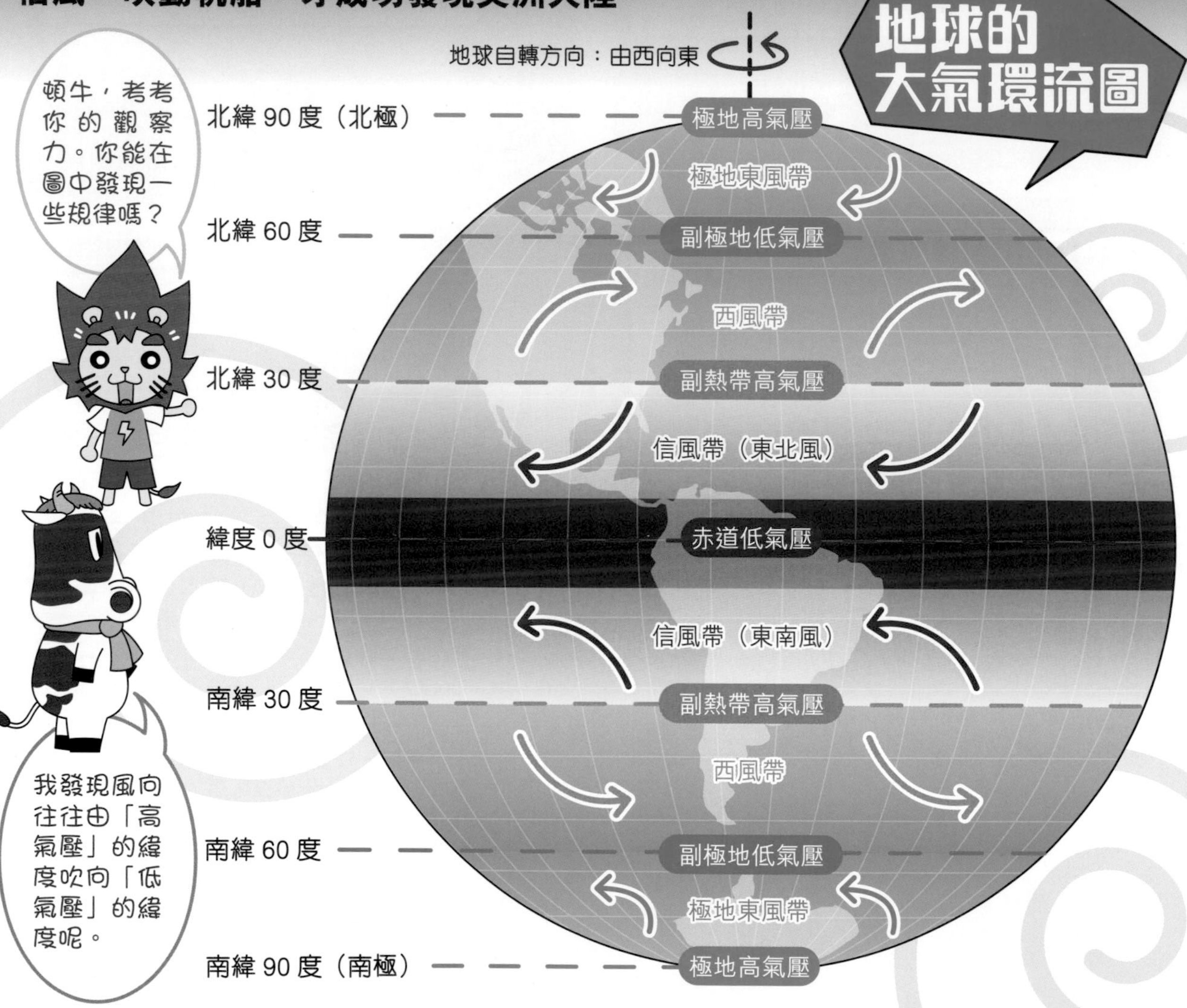

空氣流動的原因

空氣和水都是流體。根據流體力學，流體都會由高壓流向低壓。因此，風從高氣壓的地方吹向低氣壓之處。

為何赤道是低氣壓？

因為氣溫會影響氣壓。赤道地區受最多陽光照射，空氣受熱後向上升，地面承受的空氣壓力較小，於是形成低氣壓，而在南北緯 30 度高氣壓區的空氣便會吹向赤道。

地球自轉與大氣環流

地球自轉造成複雜的大氣環流系統，在不同緯度形成不同的風帶。如果地球不自轉，環流就會十分單調：暖空氣會從高溫的赤道上升，然後從高空筆直地流向兩極；而冷空氣則會貼近地面，筆直地流向赤道。

大西洋上的信風帶與西風帶

從 16 世紀至 19 世紀，由歐洲出發去美洲的貿易商船都是帆船。帆船須乘風而航，往往先南下至北緯 30 度的非洲副熱帶高壓地區，再藉信風帶的東北風，遠洋航行到接近赤道的南美洲，補給後再短途駛至北美洲。回程時，船則乘着更高緯度的西風帶返回歐洲。

貿易風本來不是指貿易？

不，剛好相反！

古代英文 trade 指「路徑」，意思與 path 相近，因此古人用 trade wind 形容有恆常軌道的風。

後來，帆船技術進步，遠洋商人乘着這陣風到各地行商，於是人們便將「貿易」這行為稱作 trade，成為近代英文。

開心禮物屋

參加辦法

在問卷寫上給編輯部的話、提出科學疑難、填妥選擇的禮物代表字母並寄回，便有機會得獎。

*由於疫情關係，今期禮物將會直接寄往得獎者於問卷上填寫之地址。

規則

截止日期：5 月 31 日
公佈日期：7 月 1 日（第 207 期）

★問卷影印本無效。
★得獎者將另獲通知領獎事宜。
★實際禮物款式可能與本頁所示有別。
★匯識教育公司員工及其家屬均不能參加，以示公允。
★如有任何爭議，本刊保留最終決定權。

A Cross Fight 彈珠人對戰套裝

1名

含 2 款彈珠人及 20 粒彈珠，多種刺激玩法由你決定！

B 大富翁 Peppa Pig 佩佩豬兒童版

1名

大受歡迎的佩佩豬一家變身成大富翁棋子！

E 4M 科學探奇系列 神奇電子琴

1名

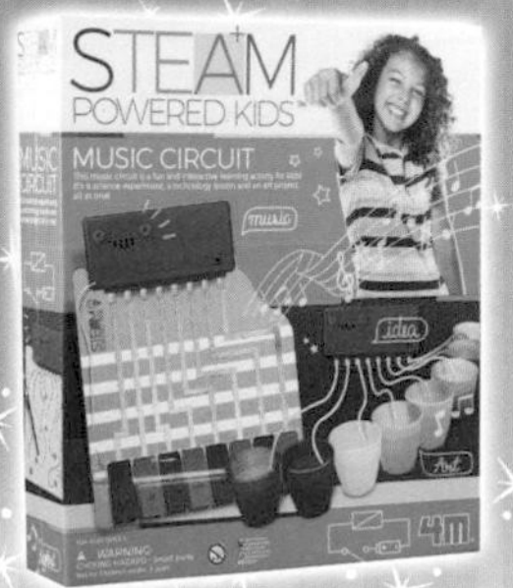

拼砌電路，創出你的演奏法吧！

F So You 閃閃珍珠首飾

1名

附送多款繩珠配件及星形收納盒。

G 小說 名偵探柯南 CASE 1 至 6

1名

收錄人氣角色基德和安室透等人的故事。

H 星光樂園豪華收納箱

1名

設有飾物收藏格及卡片活頁簿。

I 大偵探禮盒裝毛公仔

1名

公仔高約 11 吋，附送作者厲河先生親筆簽名出世紙！

J 森巴 Familiy 英文漫畫 1 至 5 集

1名

內容中英對照，輕鬆愉快學英文！

兒童的科學 17周年 送大禮

今期禮物數量大增！快填問卷，帶走心水禮物吧！

C Jenga MAKER 不規則層層疊創作大考驗 1名

層層疊全新玩法！按卡片指示鬥快砌出正確結構！

D Keeppley 造型積木 Pikachu 小巴 1名

人見人愛的 Pokemon 積木！

K LEGO 海灘救援 ATV 60286 1名

造型積木包括拯救隊員、救援艇、海邊拖拉車及鯊魚。

L 城市快線列車 1名

全長約 45cm，車門可動，製作精美！

M 星光樂園神級偶像 Figure 全套 2名

三大偶像組合齊集！

N 多功能沙灘玩具套裝 1名

鏟子可當作小水桶，能與模具配合玩擲圈遊戲！

O 立體木製拼圖漁船 1名

拼出帥氣的木製漁船！

第 203 期得獎名單

A	培樂多泥膠 麵條與壽司	黃晞嵐
B	AVENIR 刮畫 幻彩 DIY 燈箱	陳籽熹
C	4M 反斗奇兵 & 外星人石膏彩模	鄭栢軒
D	小說 少女神探愛麗絲與企鵝 第 4-6 集	溫涅茹
E	大偵探動畫機	李倚辰
F	柯南科學常識檔案《動物的秘密》+《植物的秘密》	梁浩寧
G	《大偵探福爾摩斯》交通工具圖鑑	陳軒誠
H	星光樂園 遊戲卡福袋	吳嘉欣 陳紫淳
I	肥嘟嘟華生公仔	陳正兒

活動資訊站

小發明家的創意思考

仁濟醫院 Yan Chai Hospital

HKISIIC

由仁濟醫院主辦之「第八屆香港國際學生創新發明大賽」吸引了58間來自本地、中國內地、馬來西亞、印尼及澳門的小學參加，參賽作品逾200件。經過一番評核，以下4位小發明家脫穎而出，勇奪「創意盃」大獎！

仁濟個人創意盃（初小）

聖保羅男女中學附屬小學

洪霆駿同學

個人資料清除器

快遞件上通常印有收貨人的資料，只要用清除器在其位置上一掃，便會永久變黑，這樣就能保護個人私隱。

仁濟個人創意盃（高小）

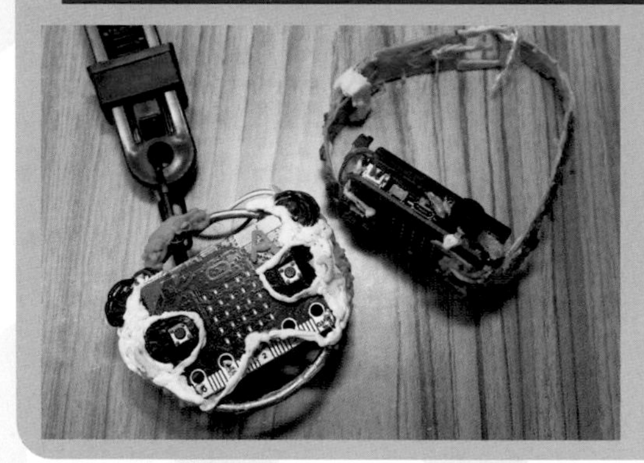

智能尿袋夾

尿袋夾裝有 Micro:bit 系統。當尿袋夾從衣服意外鬆脫，或是尿袋從夾上掉落，夾子就會發出聲響提示，老人家亦可按掣呼喚照顧者。

英皇書院同學會小學

葉柏言同學

仁濟團隊創意盃

不會遺失遮套的雨傘

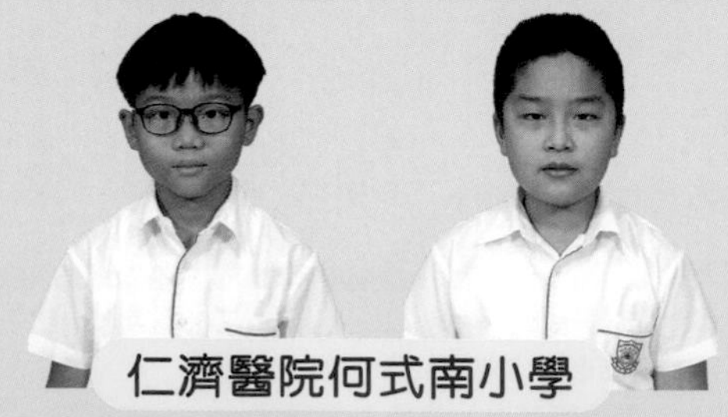

仁濟醫院何式南小學

吳傑泓同學、黃施哲同學

為避免在用過雨傘後遺失遮套，兩位同學設計出從傘頂將遮套拉向把手，藏於其中，再套上以3D打印的蓋子，這樣便不會遺失遮套了。

大偵探福爾摩斯

時速一百公里的SOS

「那傢伙逃進火車了！」李大猩在月台上邊跑邊大喊。

「追！我們也快上車！」說着，福爾摩斯一馬當先，跳上了一節車廂的踏板。

李大猩、華生和狐格森緊隨其後，也跳上了火車。這時，不遠處傳來火車站長的呼叫：「特快列車**皇后號**即將開出，請乘客儘快上車！下一站是終點——伯明翰站！」

火車隨即慢慢開動。

四人走進車廂後，眼尖的狐格森馬上叫道：「奧萊夫在往車尾跑去呀！」

華生定睛一看，果然，一個男人正粗暴地推開其他乘客往車尾跑去。

「追！」

四人一直追至車尾的車卡連接處，只見奧萊夫**惶恐**地站在那裏，**進退維谷**。

「嘿嘿嘿，火車開得這麼快，想跳車也不行吧？看你還能往哪兒跑！」李大猩用手槍指着對方。

「尤里·奧萊夫，你協助M博士犯案已證據確鑿，**束手就擒**吧！」狐格森惟恐被搭檔獨佔功勞，也慌忙喊道。

「你已失手，不想被M博士殺人滅口的話，接受警方保護，或許是更佳選擇啊。」福爾摩斯說。

「哼，別說笑了，我還未失手。」奧萊夫嗤之以鼻，「只要到了終點站，就會有人來**接應**，你們還是擔心自己吧。」

「甚麼？死到臨頭還敢放屁！」李大猩一怒之下，賞了奧萊夫一個耳光，把他打得眼冒金星。

之後，孖寶幹探把奧萊夫全身搜了一遍，除了一個**錢包**、一盒香煙和一張往伯明翰的車票外，甚麼可疑的東西也沒搜到。

於是，他們向矮矮胖胖的車長表明身份，並把奧萊夫獨自鎖在一個沒有窗的**包廂**中。

「現在怎麼辦？」華生擔憂地問。

「剛才他語氣囂張，還擺出一副**成竹在胸**的樣子，看來接應他的人一定不會少。」福爾摩斯道，「到站時，萬一他們依仗人多勢眾來**搶犯**，恐怕我們也應付不了。」

「不用怕，可以發電報叫伯明翰警方派人支援！」狐格森提議。

「甚麼？堂堂蘇格蘭場警探，竟然要求地方警察支援，太沒面子了！」李大猩反對。

「面子？這個時候還說面子？」狐格森**反唇相譏**，「面子可以當飯吃嗎？被犯人逃脫了怎辦？」

「哎呀，別吵了。」福爾摩斯沒好氣地說，「被犯人逃脫的話就更沒面子了，就讓狐格森去——」

「**不得了！**」福爾摩斯還未說完，一名乘務員已慌慌張張地跑了過來。

「怎麼了？」胖車長問。

「車長，不得了！電報機不知被誰**破壞**了，**發不出**電報啊！」

「甚麼？」眾人被嚇了一跳。

「怎麼辦？怎麼辦？」狐格森急得**團團轉**。李大猩雖然強裝冷靜，但額上也禁不住滲出了兩滴冷汗。

「原來如此……沒想到M博士已算到這一步。」福爾摩斯喃喃自語。

「甚麼意思？」華生問。

「奧萊夫的車票是到伯明翰站，就是說，他早已準備與那裏的人**接頭**。」大偵探眼底寒光一閃，「M博士為保**萬無一失**，便預先破壞了電報機，令車上的人無法向外通信。」

「啊。」

福爾摩斯想了想，向胖車長問：「車長先生，還有多久才到達伯明翰？」

「預定**4時**到達。」

大偵探掏出懷錶看了看：「還有**45分鐘**……」

突然，眾人身後「**咔嚓**」一聲響起，洗手間的門被打開了。

「呃，不好意思，我是無意偷聽的。」一個年輕人從洗手間走了出來，「如果你們有需要，我有一個替代電報的**快速傳信方法**。」

「你是誰？」李大猩一手抓住對方的胸口問，「難道是M博士的同夥？」

「不不不！」年輕人慌忙掏出一張名片，「我是**《倫敦時報》**伯明翰分社的記者**佐治．哈伯特**。」

「哈伯特先生，你說的方法是？」福爾摩斯問。

「就是這個！」哈伯特說着，從背包中取出一個**小籠子**，裏面裝着的竟是——

「**鴿子？**」華生和孖寶幹探登時呆在當場。

籠中鳥瞪着圓圓的紅眼珠歪一歪頭，好奇地看着三人，並發出「**咕嚕、咕嚕**」的叫聲。

「牠是**信鴿**吧？」大偵探靠近鳥籠問。

這時，華生才發現鴿爪上綁着一個大小與尾指相若的**小圓筒**。這是信鴿的常見裝備，只要將寫有信息的**小紙條**捲起來放進小圓筒中，信鴿就會按指定路線飛行，把紙條送到目的地。

「沒錯。」哈伯特說，「報社養了一批信鴿，每個記者遠行時都會帶上一隻，訓練其**歸巢能力**。養鴿室在每天**3時至4時**都有當值同事餵飼。現在放飛的話，牠一回巢就有人接應並馬上**報警**。」

「哼！哪又怎樣？」李大猩質疑，「一隻這麼細小的鴿子難道比火車還**快**嗎？」

「你有所不知，在**順風**的環境下，訓練有素的信鴿時速可超過100公里。」哈伯特看向車窗，「剛巧今天順風，相信牠能維持平均速率在**時速100公里**呢！」

「唉！你別只顧推銷信鴿！」李大猩不耐煩地説，「這輛火車也很快啊！你肯定它的時速低於100公里嗎？」

「**70公里**，本列車的時速只有70公里。」站在一旁的胖車長眨眨眼説。

「那就沒問題了。」哈伯特邊説邊在筆記簿畫出計算**草圖**，「看，有足夠時間去報警呢。」

福爾摩斯沒作聲，只**若有所思**地盯着那名年輕記者。

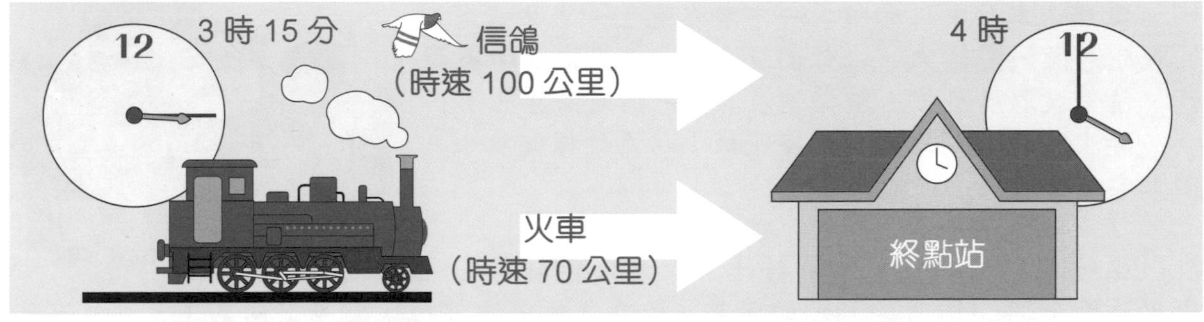

難題①：放飛信鴿的時間是3時15分。火車以時速70公里行駛，於4時到達終點站。而信鴿則以時速100公里飛行，牠會比火車早幾分鐘到達終點站呢？（計算過程可使用分數）答案在p.55。

給你一點提示吧！
你可運用以下3條公式來得出最後的答案：
❶速率 x 時間＝距離
❷每小時的速率 ÷60 ＝每分鐘的速率
❸距離 ÷ 速率＝時間

哈伯特**小心翼翼**地把狐格森寫好的紙條放進鴿爪上的小圓筒，然後走到車卡之間的連接處，大叫一聲：「去吧！」

「**啪沙**」一聲，信鴿展翅高飛，很快就超越了車頭遠去，成為藍天中一個小黑點。

返回車廂後，福爾摩斯問：「哈伯特先生，有一件事我想不通。」

「甚麼事？」

「這個年代連鄉郊也能收發**電報**了，為何貴報仍使用**信鴿**呢？」

「我們平時工作都會用電報啊！養信鴿只是報社老闆的**興趣**。」哈伯特苦笑，「據説他的父輩曾經營信鴿公司，當時火車速度很慢，電報又尚未普及，信鴿就是最快的**遠距離傳信**工具。老闆自幼**耳濡目染**，就愛上了訓練信鴿。我們也只能陪着他玩玩。」

下午4時，「嗚——」的一下氣笛聲響起，火車緩緩地開進了終點站的月台。

「看來信鴿的**任務成功**了呢！」福爾摩斯看着車外道。

華生往窗外一看，果然有不少警察在站內巡邏，還有多名滿臉橫肉的彪形大漢被扣押着，看來伯明翰警方已將M博士的爪牙**一網成擒**了。

待所有乘客離開月台，大偵探一行人才**押**着奧萊夫步出車廂。

「喂！我在這！快來救我！」奧萊夫突然**心急如焚**地向那幫彪形大漢大喊。

「傻瓜！你的眼睛長在屁股上嗎？沒看到同黨已全被拘捕了？還喊甚麼！」李大猩罵道。

「這……這……」奧萊夫頓時變得**失魂落魄**似的**喃喃自語**，「怎……怎麼辦啊？我……我死定了……」

「嘿，現在才知死，太遲啦！」狐格森笑罵。

突然，奧萊夫「啪噠」一下跪在地上，哀聲喊道：「我願意做**污點證人**，求你們救我一命！我快要**中毒身亡**，請幫我取解藥吧！**解藥**就在其中一個同黨身上！」

李大猩厲聲喝道：「別耍花樣！以為這樣就能令我們上當嗎？」

「不……不不不，我……我真的中毒了……」

滿臉懼色的奧萊夫**和盤托出**。原來他受M博士之命，要帶一個**口信**給終點站的同黨。但為免他中途**背叛**，就事前向其下毒。只有完成任務後，他才可從同黨手上換取解藥。

華生心想：「難怪他剛才那麼慌張，原來不是擔心同黨被捕，只是擔心自己沒解藥。」

果然，狐格森在其中一個大漢身上搜出一個**玻璃瓶**，裏面裝有**綠色的液體**，看來就是奧萊夫所說的解藥。

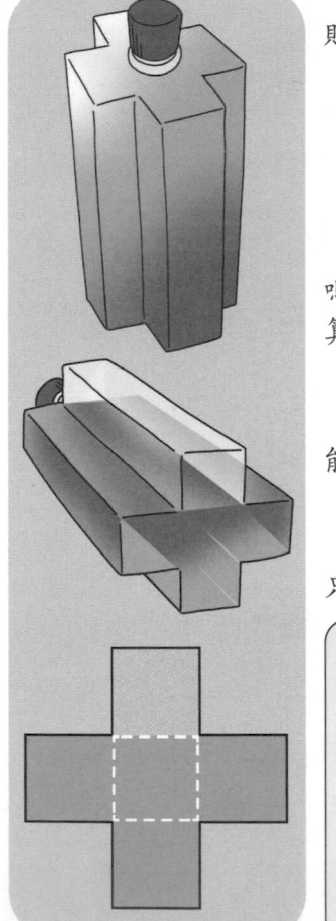

那玻璃瓶呈**正十字柱體**，每邊**瓶寬**一樣。另外，瓶身還貼着一張便條，寫着解藥的用法。

奧萊夫看了看便條，登時臉色大變。原來上面寫着——

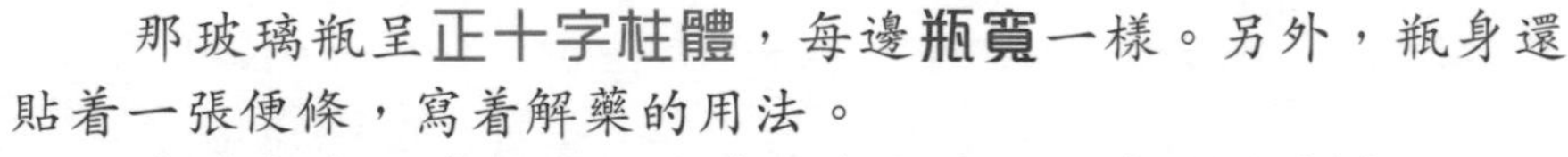

「福爾摩斯先生，你是全倫敦最有名的偵探吧？幫幫我好嗎？」奧萊夫苦苦哀求，「瓶上**無刻度**，我不知道要喝多少才算$\frac{1}{5}$啊！」

「把藥水倒進量杯測量一下不就行了？」華生提議。

「萬萬不可，M博士說過解藥一接觸空氣就會**無效**，絕不能倒出來。」奧萊夫緊張地說。

「讓我看看。」福爾摩斯取過瓶子，打開瓶蓋仔細地觀察，「瓶嘴呈**飲管狀**，可避免藥水接觸空氣而失效。看來，服藥者只能直接從藥瓶**啜飲**。」

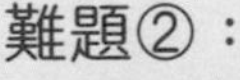

難題②：

將瓶子橫向擺放，可將瓶底看成5個相等的正方形。今天奧萊夫只要喝掉一整個正方柱體的分量，就等於喝了$\frac{1}{5}$解藥了。

但是，之後瓶中的藥水就會如圖呈T字型。那麼明天奧萊夫應把藥水喝至哪兒，才代表他喝了$\frac{1}{5}$？你能在圖中畫一條直線來標示嗎？答案在右頁。

「瓶子的形狀這麼古怪，很難知道自己喝了多少呢。」華生說。

福爾摩斯想了想，就拿出小刀，**在瓶底**刻了一條**線**，並向奧萊夫說：「你把藥瓶**傾斜**，當藥水被喝剩至這條線上，就代表你明天喝了$\frac{1}{5}$。」

「原來是這樣！太好了，我不用死了！」奧萊夫哭着連番道謝，「謝謝你！謝謝你！」說完，他就拿着藥水被警方押走。

看着奧萊夫那**瑟縮**的背影，華生不禁有點同情地說：「M博士也太可惡了，不但要他吃毒藥，還藥瓶上**故弄玄虛**，把人折磨得**神經兮兮**！」

「是的，M博士視人命如**草芥**，根本不會理會手下的死活。」福爾摩斯眼底閃過一下寒光，「所以，我們必須把M博士**繩之以法**，讓他不能再**作奸犯科**。」

「太精彩了！太精彩了！」一直在旁看着的那個年輕記者哈伯特**拍掌**歡呼，「福爾摩斯先生，機會難得，我可以為你做一個訪問嗎？」

「訪問？這個——」

「這種小事，不要麻煩福爾摩斯啦！」突然，李大猩一個**箭步**衝到哈伯特面前，堆着笑臉說，「嘻嘻嘻，訪問我吧。我反正有空。」

「不！」狐格森見狀，也慌忙衝過來說，「訪問我吧！我最樂意配合傳媒的工作。」

「這……」哈伯特不知如何是好。

「**你滾開**！」李大猩一手把狐格森推開，「人家要訪問的是我！」

「**你才滾開**！」狐格森不甘示弱，「是我最先提出聯絡本地警方的，之後才會想到利用信鴿呀！你想搶我的功勞嗎？」

「甚麼？是誰抓到奧萊夫的，是我呀！」李大猩罵道，「你這隻臭狐狸，你才想搶我的功勞呀！」

看到兩人吵得不亦樂乎，喜歡**低調行事**的福爾摩斯和華生就趁機悄悄地離開了。

就在這時，那個胖車長笑嘻嘻地走到孖寶幹探前面，眨眨眼說：「兩位警探先生，不好意思，讓我打擾一下。」

「怎麼啦？」狐格森和李大猩同聲喝問。

「你們沒買票上車，每人**罰3鎊**。」胖車長說着，遞上了兩張告票。

「甚麼？」聞言，兩人腿一歪，同時摔倒在地上。

翌日，《倫敦時報》大字標題報道：**大偵探福爾摩斯智救中毒疑犯，蘇格蘭場孖寶傻探坐霸王車被罰。**

李大猩和狐格森看了報道，登時幾乎氣絕身亡。

答案 難題①：首先，計算接下來的行車距離：火車以時速70公里行駛45分鐘，而45分鐘即是$\frac{3}{4}$小時，所以行車距離是$70 \times \frac{3}{4} = 52.5$公里。

然後，把信鴿的速率「每小時100公里」換算成「每分鐘幾公里」，算式是$100 \div 60 =$ 每分鐘$\frac{5}{3}$公里。

最後，假設信鴿跟火車一樣飛52.5公里，所需時間是$52.5 \div \frac{5}{3} = 31\frac{1}{2} = 31.5$分鐘。

因此，信鴿比火車快$45 - 31.5 = 13.5$分鐘到達終點站。

難題②：

如圖所示，把瓶子稍微傾斜，可在長方形內畫出一條對角線，此線把長方形面積分成一半，即是一個正方形的面積，也就是$\frac{1}{5}$。

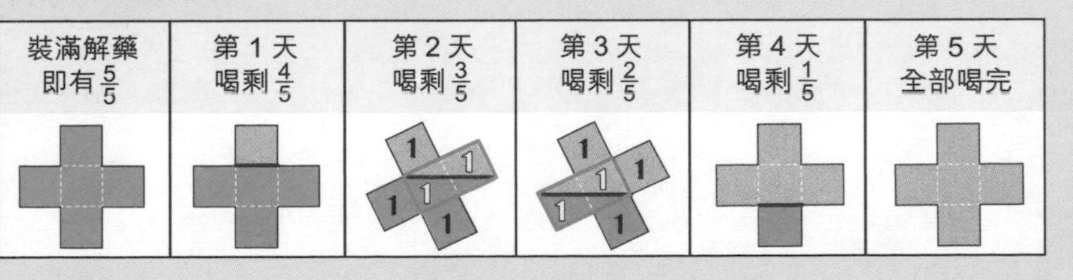

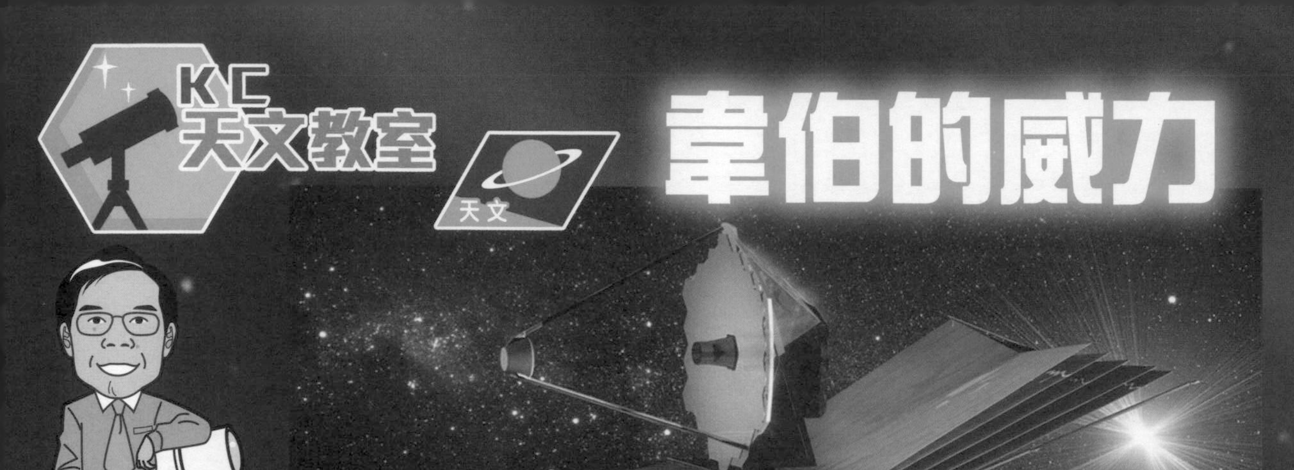

韋伯的威力

「韋伯」是繼「哈勃」後，最巨大、最先進、威力最強勁的太空望遠鏡。專門進行紅外線天文觀測。它能偵測到遠在月球上一隻黃蜂的熱力（其發出的紅外線），就算是一個 40 公里外的硬幣細節也能看清。

主鏡併合及光軸對齊技術

由於主鏡面積太大，不能一體成形，故要分拆為 18 塊六角形鏡片，再併合成單一鏡面。望遠鏡在太空運作前，須先把那 18 塊鏡片的光軸對齊聚焦成一點。這精準的鏡面調校自 2022 年 2 月開始，用了一個多月才初步完成，效果比預期佳。

▲在大熊座拍攝一顆大小和溫度與我們的太陽差不多的恆星（編號 HD84406）。

▲未經調校的 18 塊鏡片的個別星像模糊不清及出現變形。

▲利用每塊六角形鏡片的微動裝置調校鏡面弧度，令每個星像都清晰不變形。

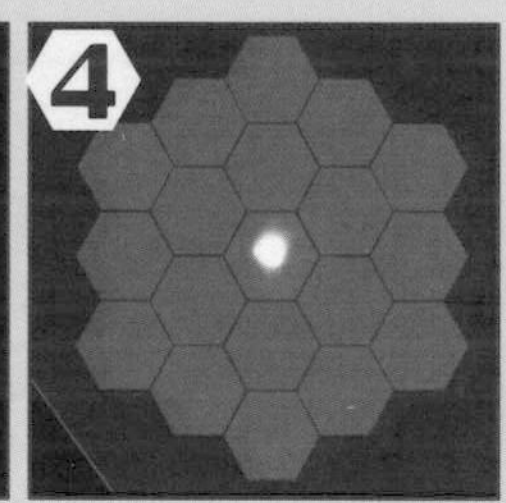

▲接着將 18 塊鏡片的星像合而為單一星像。

▲最後得出一張對焦正確、效能極佳的「韋伯」第一張測試星像。它極強的集光力和解像力令背景暗弱的深空星系也顯現出來。

「韋伯」·「哈勃」大比併

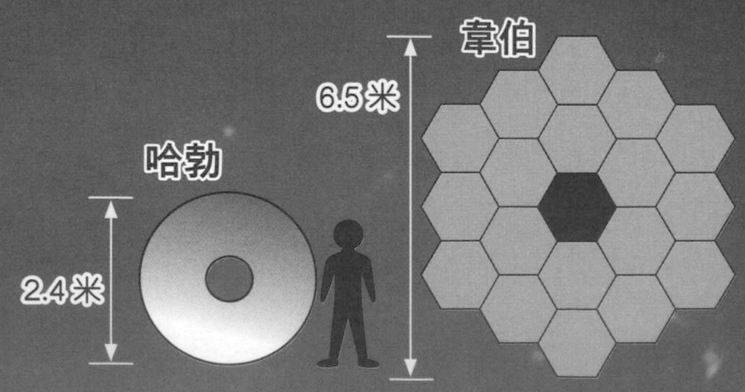

▲韋伯的鏡面集光力高 7 倍，視場大 5 倍，其鏡面鍍金膜更有效反射紅外線。

「哈勃」拍攝的宇宙極深空照片，顯示約有 10000 個星系。

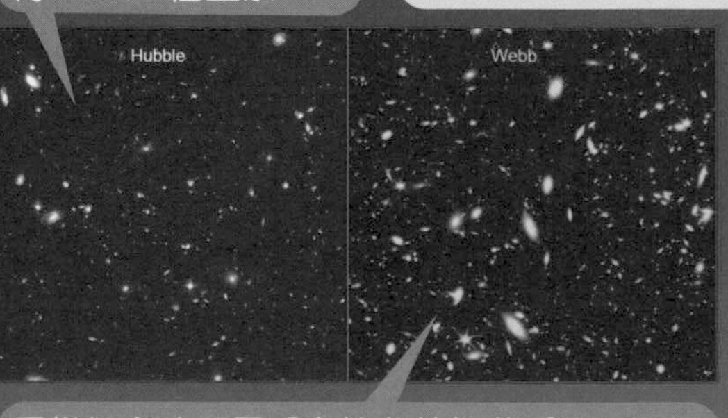

用模擬方法顯示「韋伯」拍攝的威力，明顯比「哈勃」高百倍以上，能看到更暗、更遠、更細緻及古老的星系。

紅外線是甚麼？

紅外線是波長比可見光長、但比無線電波短的電磁波，物體發出的熱力通常在這波段。地球的大氣層只讓來自宇宙的電磁波譜中的可見光（光學窗口）和無線電（無線電窗口）兩個波段通過，直達地面。其餘的波段（包括紅外線）都被阻隔，不能到達地面，所以紅外線望遠鏡要建在高山上，避開水氣吸收。最好是離開大氣層，放到太空去。

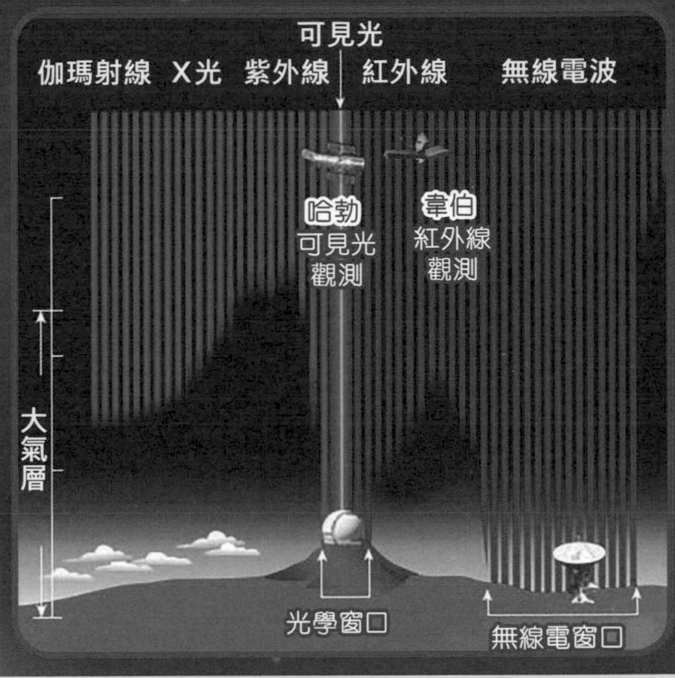

為何要這麼大的遮陽盾？

由於紅外線最易受溫度（熱力）影響，所以它要用遮陽盾阻擋陽光來降溫，再加上特別的冷凍設備把鏡片和科學儀器冷卻到 -230℃，才可準確拍攝紅外影像和量度光譜。「韋伯」的遮陽盾由 5 層可摺疊的薄膜組成，它完全展開後的長度相當於 1 個網球場！

為何用紅外線觀測宇宙？

1 因宇宙空間膨脹，宇宙大爆炸後第一批發光天體所射出的紫外線和可見光到達現今的地球時，其波長已被拉長至紅外線波段。這在天文學上稱為「宇宙學紅移」，即是原先發出的電磁波偏向紅端。「韋伯」的目標是觀測極遠古的星系，研究這些早期宇宙的發光天體，以瞭解宇宙初期的演化過程。

▲「韋伯」比「哈勃」能觀測到更古老及更遙遠的早期星系，為天文學家解開早期宇宙演化之謎。

2 恆星和行星由氣體和塵埃演化而成。只是塵埃會阻擋可見光，令星光不現，而紅外線則能穿透星塵，令我們能看穿內部。「韋伯」用紅外線觀測，就能更有效看見新生恆星及行星系統如何形成。

▶可見光拍攝的鷹星雲，見到的星數量不多。

◀紅外線拍攝的鷹星雲，見到的星數量極多。

香港中文大學
生物及化學系客席教授
曹宏威博士

Q1 為甚麼吃鹹的東西和酸的東西時，會有很多口水湧出來？

趙曉瀅

成語有「望梅止渴」，也有「畫餅充飢」。首先我們需要核實「吃鹹或酸的食物會引起很多口水湧出來」這現象是否必然。至少要弄清楚鹹或酸的飲料有同樣的結果嗎？是否吃的分量太多才會湧口水呢？又是否餓得腹如雷鳴，才會「垂涎欲滴」呢？

我們觀察一種現象時，必須要細心，不讓四周環境因素對要觀察的現象產生多重干擾，以致造成不實的結論，產生認知上的偏差。

所有味覺都靠專一的味蕾去檢定，它們的功能不全等同。味覺有「最低檢測度」（也稱作「閾值」），低於閾值測不出來，超出閾值則產生「飽和」。你有注意到口水「湧」出來的最低濃度嗎？

下次吃東西時，你除了觀察自己的口水多少之餘，也請加倍留意自己肚子時的飢飽狀態——會否特別餓、食物中的鹽分是否特別多等等，這樣的觀察才會更全面。

▲刺激口水分泌的因素極多。

Q2 為甚麼海底火山爆發不會被海水熄滅？

林昊謙

▲可清楚看到湯加海底火山噴發的火山灰從海底噴上大氣層。

火山不管在陸地上還是在海底裏爆發，所噴發出來的岩漿，都是熔化了的礦物質。由於地心溫度極高，一般岩漿在高溫液態多呈紅光。然而，隨着溫度降失，它的顏色才由鮮亮變為暗紅。

在陸地上，熾熱的岩漿除了接觸到地面的樹木花草而引火外，「燃燒」不是火光的主因。在海底裏，可燃物絕無僅有，燃燒更是匪夷所思的景像。既無燃燒，何來被熄滅呢？

那麼海底火山爆發的結局會是怎樣？大致上説，熾熱的岩漿不斷地流出來，蒸發的海水向上冒出又冷凝。這是一場熱量的交換，也是新陸地誕生的過程。要視乎該火山噴發勢頭的大小，才可以估量它對當地影響有多少。

相對而言，海底火山爆發程度看似不如陸上火山厲害，但仍然十分強烈，例如今年 1 月在湯加發生的海底火山爆發便是一例。

為鼓勵讀者多思考多發問，編輯部將向被選中刊登問題的讀者寄出紀念品一份！

科學Q&A
第一百三十三話　海鮮奇遇記
漫畫◎李少棠　上色協力◎周嘉詠
劇本◎《兒童的科學》創作組
可惡！
怎麼半天都
沒一條魚上釣啊？
釣魚也要看運氣的，
我們下次再來吧。
但我買了那麼
多高級魚餌，
就是想今晚吃
海鮮大餐啊！
要吃海鮮？
我來幫你們，
跟我過來吧。

怎樣，你們釣到
多少魚了？

我們用了大剛的
超級大魚餌，
卻沒有魚上釣啊。

你們用
這麼大的魚餌，
當然釣不到
魚啦。
甚麼？

從生物角度來說，
魚的智能較低。

牠們主要靠本能反應，
找出比自己小的食物
並將其吃下。

這一帶的魚體形不大，
你這魚餌遠遠大過
牠們的食物，
所以牠們根本不會吃
這些東西。

而這些假魚餌
雖不能吃，
但由於其形狀
跟魚的食物接近，
反而會很容易
被吃下。

難怪
釣魚店有賣
這些假魚餌，
原來那真的能
釣魚呢。

對了，大剛不是
跟你們一起的嗎？

真的能捉到
好吃的海鮮嗎？
嗖—
這艘船裝備了
最新科技的商業捕魚
工具，保證成功！
商業
捕魚？
用魚竿逐條魚
去釣怎能賺錢？
以商業捕魚方式
才能得到大量
魚穫啊。
拖網法
漁船拋下大網後拖行，
把海中生物都撈進網內，
除了魚類，還可捕獲
大量貝類等海產。
另外有種方式叫底拖網，
就是把漁網放到海床再拖行，
捕捉生活在海底的海產。
然而這樣會對海床造成
嚴重破壞，因此已被多國禁止。

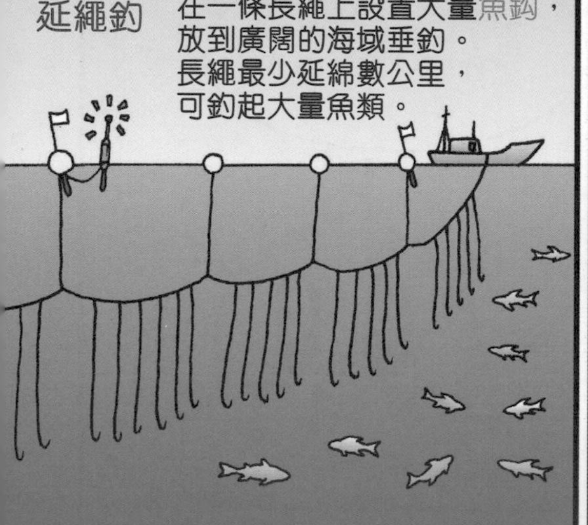
延繩釣
在一條長繩上設置大量魚鈎，
放到廣闊的海域垂釣。
長繩最少延綿數公里，
可釣起大量魚類。

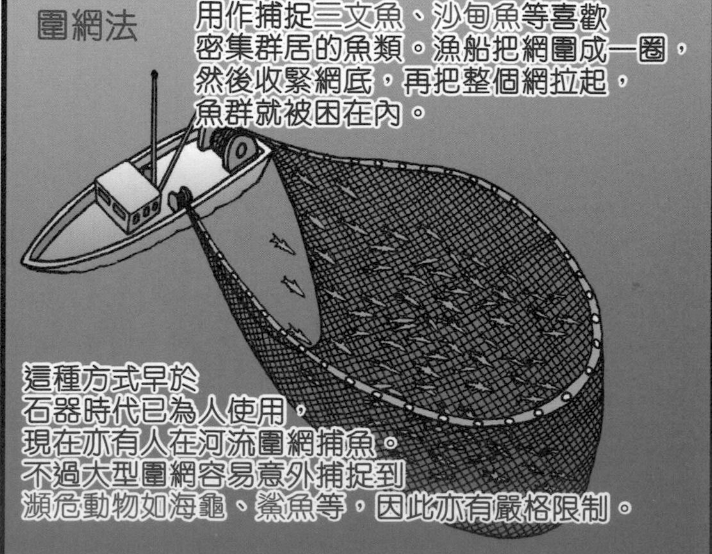
圍網法
用作捕捉三文魚、沙甸魚等喜歡
密集群居的魚類。漁船把網圍成一圈，
然後收緊網底，再把整個網拉起，
魚群就被困在內。
這種方式早於
石器時代已為人使用，
現在亦有人在河流圍網捕魚。
不過大型圍網容易意外捕捉到
瀕危動物如海龜、鯊魚等，因此亦有嚴格限制。

可是這樣捕魚會不會把海中的魚都捉光了？
當然不會，因為各地都訂立了休漁期！
魷魚旗？
休漁期是政府的規定，限制一段時間內不可捕魚，讓魚休養生息，重新繁殖。
魚繁殖得很快，僅僅2個月便能大大增加數量呢！
另外，有些地方會設立禁漁區，或者禁止某些捕魚方式，以保護特定品種。
所以你大可放心……
隨便捉來吃吧！
好啊！

這是環保用語，
是指一些年輕時生育、
繁殖力高的海產品種。

因為牠們的數量恢復得很快，
所以即使我們持續食用，
也不會令其數量減少。

可持續海鮮又稱為環保海鮮，是能夠迅速恢復數量的海產品種。
國際上有不同機構認證，所以只要看到這些標籤，就可輕易認出。

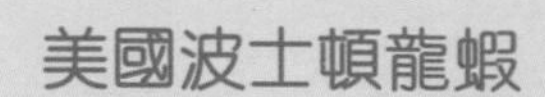

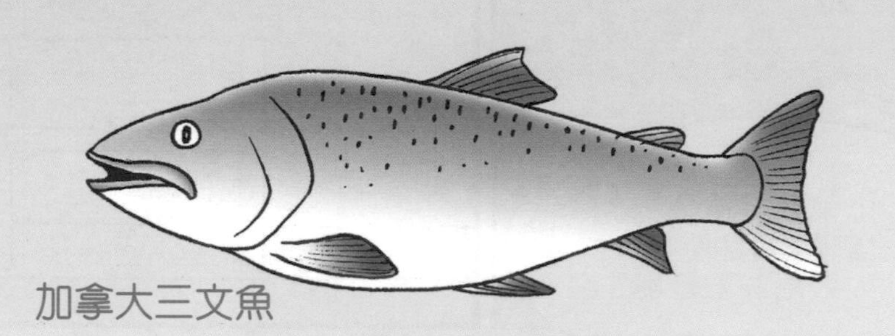

加拿大三文魚

澳洲東星斑

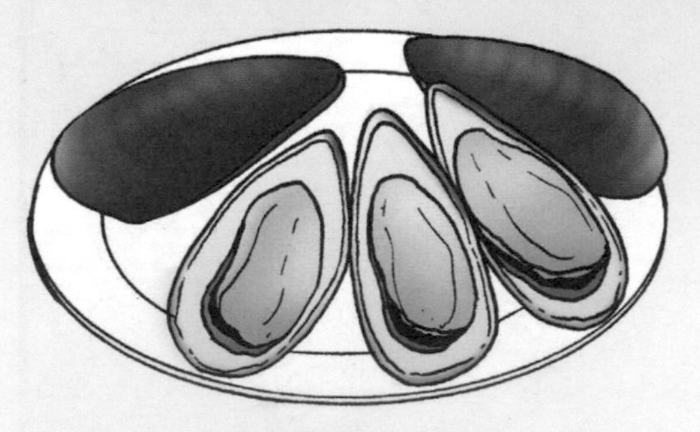

紐西蘭青口

加拿大長鰭吞拿魚

那麼豈不是只有很少種類能吃？

其實那些可持續海鮮有很多品種。另外，即使是同一品種，若生活在不同水域，其分類方式也有不同呢。
例如香港酒樓常見的東星斑，澳洲出產的是建議食用級別，但東南亞的卻是受保護的避免食用級。
這是因為澳洲擁有完善捕魚制度，確保了魚類的生態。然而東南亞則受到過度捕撈影響，生態已受到嚴重破壞了。

我們的選擇對地球真的很重要呢。

鈴鈴～～
誰打來？

喂，大剛？你去了哪裏？

甚麼？要請我們吃花膠？

對，我和Mr.A正在
加州灣捉石首魚！
加州灣石首魚生活在美國、墨西哥加州灣一帶，
是同品種中體形
最大的。
以這種魚的魚膘製造出來的花膠，
在華人社會被譽認為屬最頂級，
是極昂貴的海味。
每公斤售價可高達數十萬元。
據説這種
花膠非常滋補，
有益健康！

甚麼？你們
竟然去捉加州灣
石首魚？
那是非常
瀕危的物種，
不能捕捉的呀！

$
加州灣石首魚本來
數量不少，但近年突然
傳出傳聞，以這種魚製成的
花膠能醫百病，甚至防癌，
導致價格突然大幅提高。
由於利潤巨大，當地
漁民紛紛捕捉石首魚。
過度捕獵令其數量急劇減少，
現在已被列入極危物種！

放心！我會遵從
捉大魚放小魚的原則，
保持生態健全！

這是完全
錯誤的呀！

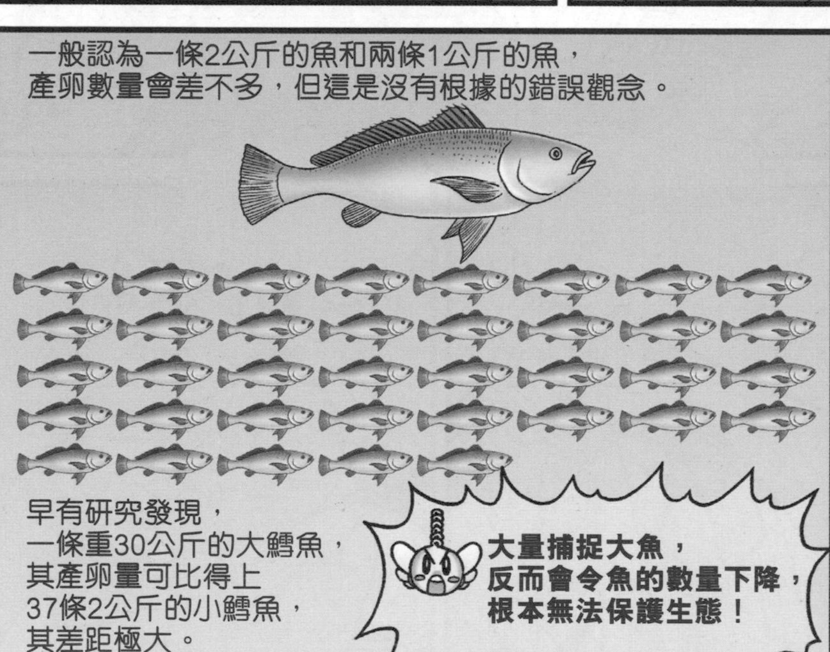
一般認為一條2公斤的魚和兩條1公斤的魚，
產卵數量會差不多，但這是沒有根據的錯誤觀念。
早有研究發現，
一條重30公斤的大鱈魚，
其產卵量可比得上
37條2公斤的小鱈魚，
其差距極大。
大量捕捉大魚，
反而會令魚的數量下降，
根本無法保護生態！

廢話少說，
石首魚我要定啦！

收網吧！

咔啦咔啦……

有魚啊！
嘿嘿，看看
有多肥美！

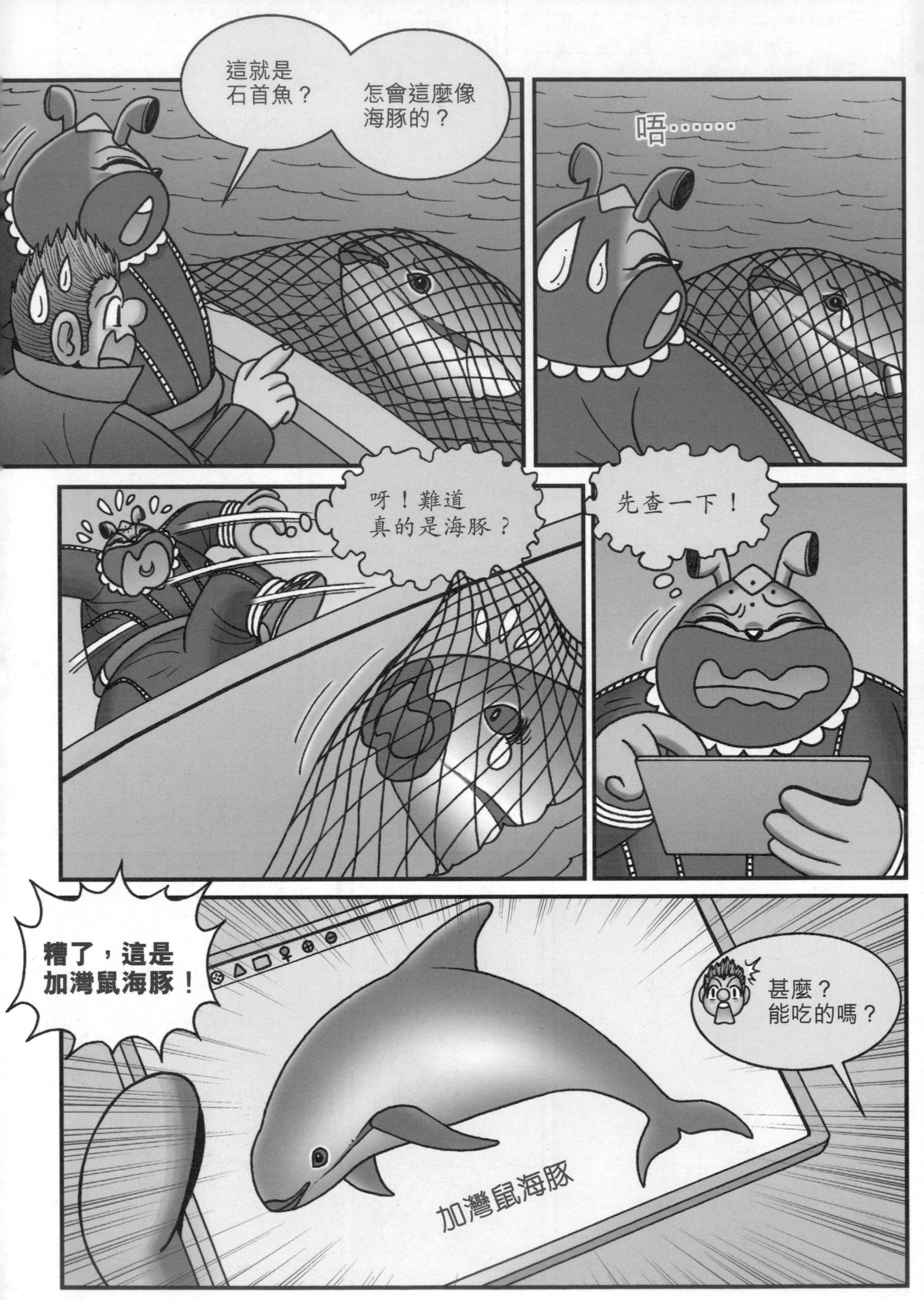
這就是
石首魚？
怎會這麼像
海豚的？
唔……
呀！難道
真的是海豚？
先查一下！
糟了，這是
加灣鼠海豚！
甚麼？
能吃的嗎？
加灣鼠海豚

當然不能！

這是極瀕危的物種，
世上只剩下幾條了啊！

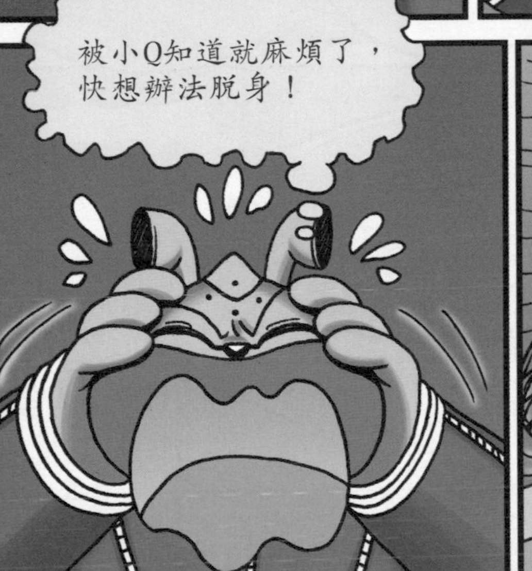
被小Q知道就麻煩了，
快想辦法脱身！

沒辦法，
唯有在小Q
發現前……

毀屍滅跡！

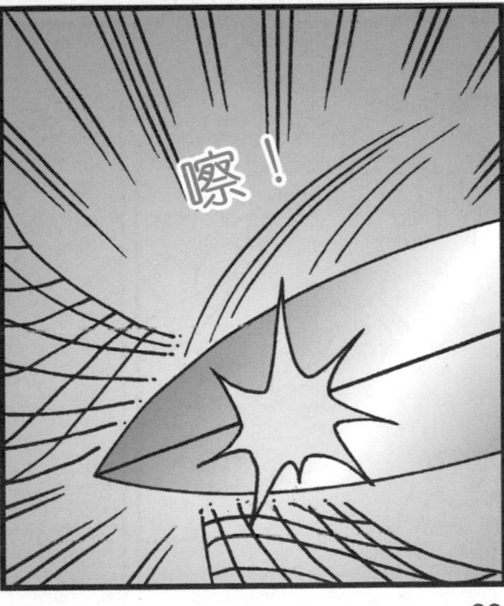
嚓！

及時趕到！
加灣鼠海豚的生活區域因與石首魚很接近，就成了花膠熱潮的無辜受害者。
牠們經常與石首魚被一同捕獲，由於生性膽小，時常因過度掙扎或驚嚇而死。
在石首魚被過度捕捉的同時，牠們已幾乎到了滅絕的地步了！
太……太可憐啦！
走為上着！
呀！你竟想逃走！
你不用追捕他嗎？
不用啦。
我剛才發現這裏有鯊魚出沒，正煩惱怎樣把你帶上岸，現在由他引開了就好。
放心，他有A星的裝備，不會有危險的，我們快走吧。
哈哈……
救命呀！
~完~

訂閱小學生必讀的知識月刊！

STEM 科學月刊

每月 1 日出版

翻到後頁
填寫訂閱表格

兒童的科學 訂戶換領店選擇

書報店

九龍區		店鋪代號
新城	匯景廣場 401C 四樓（面對百佳）	B002KL
偉華行	美孚四期 9 號舖（滙豐側）	B004KL

OK便利店

香港區	店鋪代號
西環德輔道西 333 及 335 號地下連閣樓	284
西環般咸道 13-15 號金寧大廈地下 A 號鋪	544
干諾道西 82- 87 號及修打蘭街 21-27 號海景大廈地下 D 及 H 號鋪	413
西營盤德輔道西 232 號地下	433
上環德輔道中 323 號西港城地下 11,12 及 13 號鋪	246
中環閣麟街 10 至 16 號致發大廈地下 1 號鋪及天井	188
中環民光街 11 號 3 號碼 頭 A,B & C 鋪	229
金鐘花園道 3 號萬國寶通廣場地下 1 號鋪	234
灣仔軒尼詩道 38 號地下	001
灣仔軒尼詩道 145 號安康大廈 3 號地下	056
灣仔灣仔道 89 號地下	357
灣仔駱克道 146 號地下 A 號鋪	388
銅鑼灣駱克道 414, 418-430 號 律德大廈地下 2 號鋪	291
銅鑼灣堅拿道東 5 號地下連閣樓	521
天后英皇道 14 號僑興大廈地下 H 號鋪	410
天后地鐵站 TIH2 號鋪	319
炮台山英皇道 193-209 號英皇中心地下 25-27 號鋪	289
北角七姊妹道 2,4,6,8 及 8A, 昌苑大廈地下 4 號鋪	196
北角電器道 233 號城市花園 1, 2 及 3 座 平台地下 5 號鋪	237
北角堡壘街 22 號地下	321
鰂魚涌海光街 13-15 號海光苑地下 16 號鋪	348
太古康山花園第一座地下 H1 及 H2	039
西灣河筲箕灣道 388-414 號逢源大廈地下 H1 號鋪	376
筲箕灣愛東商場地下 14 號鋪	189
筲箕灣道 106-108 號地下 B 鋪	201
杏花邨地鐵站 HFC 5 及 6 號鋪	342
柴灣興華邨和興樓 209-210 號	032
柴灣地鐵站 CHW12 號鋪 (C 出口)	300
柴灣小西灣道 28 號藍灣半島地下 18 號鋪	199
柴灣小西灣邨小西灣商場四樓 401 號鋪	166
柴灣小西灣商場地下 6A 號鋪	390
柴灣康翠臺商場 L5 樓 3A 號鋪及部份 3B 號鋪	304
香港仔中心第五期地下 7 號鋪	163
香港仔石排灣道 81 號兆輝大廈地下 3 及 4 號鋪	336
香港華富商業中心 7 號地下	013
跑馬地黃泥涌道 21-23 號浩利大廈地下 B 號鋪	349
鴨脷洲海怡路 18A 號海怡廣場 (東翼) 地下 G02 號鋪	382
薄扶林置富南區廣場 5 樓 503 號鋪 "7-8 號檔 "	264

九龍區	店鋪代號
九龍碧街 50 及 52 號地下	381
大角咀港灣豪庭地下 G10 號鋪	247
深水埗桂林街 42-44 號地下 E 鋪	180
深水埗富昌商場地下 18 號鋪	228
長沙灣蘇屋邨蘇屋商場地下 G04 號鋪	569
長沙灣道 800 號香港紗廠工業大廈一及二期地下	241
長沙灣道 868 號利豐中心地下	160
長沙灣長發街 13 及 13 號 A 地下	314
荔枝角道 833 號昇悅商場一樓 126 號鋪	411
荔枝角地鐵站 LCK12 號鋪	320
紅磡家維邨家義樓店號 3 及 4 號	079
紅磡機利士路 669 號昌盛金鋪大廈地下	094
紅磡馬頭圍道 37-39 號紅磡商業廣場地下 43-44 號	124
紅磡鶴園街 2G 號恒豐工業大廈第一期地下 CD1 號	261
紅磡愛景街 8 號海濱南岸 1 樓商場 3A 號鋪	435
馬頭圍村洋葵樓地下 111 號	365
馬頭圍新碼頭街 38 號翔龍灣廣場地下 G06 鋪	407
土瓜灣土瓜灣道 273 號地下	131
九龍城衙前圍道 47 號地下 C 單位	386
尖沙咀寶勒巷 1 號玫瑰大廈地下 A 及 B 號鋪	169
尖沙咀科學館道 14 號新文華中心地下 50-53&55 鋪	209
尖沙咀尖東站 3 號鋪	269
佐敦佐敦道 34 號道興樓地下	451
佐敦地鐵站 JOR10 及 11 號鋪	297
佐敦寶靈街 20 號寶靈大樓地下 A，B 及 C 鋪	303
佐敦佐敦道 9-11 號高基大廈地下 4 號鋪	438
油麻地文明里 4-6 號地下 2 號鋪	316
油麻地上海街 433 號興華中心地下 6 號鋪	417
旺角水渠道 22,24,28 號安豪樓地下 A 鋪	177
旺角西海泓道富榮花園地下 32-33 號鋪	182
旺角豉街 43 號地下及閣樓	208
旺角亞皆老街 88 至 96 號利豐大樓地下 C 鋪	245
旺角登打士街 43P-43S 號鴻輝大廈地下 8 號鋪	343
旺角洗衣街 92 號地下	419
旺角豉油街 15 號萬利商業大廈地下 1 號鋪	446
太子道西 96-100 號地下 C 及 D 鋪	268
石硤尾南山邨南山商場大廈地下	098
樂富中心 LG6(橫頭磡南路)	027
樂富港鐵站 LOF6 號鋪	409
新蒲崗寧遠街 10-20 號渣打銀行大廈地下 E 號	353
黃大仙盈福苑停車場大樓地下 1 號鋪	181
黃大仙竹園邨竹園商場 11 號鋪	081
黃大仙龍蟠苑龍蟠商場中心 101 號鋪	100
黃大仙地鐵站 WTS 12 號鋪	274
慈雲山慈正邨慈正商場 1 平台 1 號鋪	140
慈雲山慈正邨慈正商場 2 期地下 2 號鋪	183
鑽石山富山邨富信樓 3C 地下	012
彩虹地鐵站 CHH18 及 19 號鋪	259
彩虹村金碧樓地下	097
九龍灣德福商場 1 期 P40 號鋪	198
九龍灣宏開道 18 號德福大廈 1 樓 3C 鋪	215
九龍灣常悅道 13 號瑞興中心地下 A	395
牛頭角淘大花園第一期商場 27-30 號	026
牛頭角彩德商場地下 G04 號鋪	428
牛頭角彩盈邨彩盈坊 3 號鋪	366
觀塘翠屏商場地下 6 號鋪	078
觀塘秀茂坪十五期停車場大廈地下 1 號鋪	191
觀塘協和街 101 號地下 H 鋪	242
觀塘秀茂坪寶達邨寶達商場二樓 205 號鋪	218
觀塘物華街 19-29 號	575
觀塘牛頭角道 305-325 及 325A 號觀塘立成大廈地下 K 號	399
藍田茶果嶺道 93 號麗港城中城地下 25 及 26B 號鋪	338
藍田匯景道 8 號匯景花園 2D 鋪	385
油塘高俊苑停車場大廈 1 號鋪	128
油塘邨鯉魚門廣場地下 1 號鋪	231
油塘油麗商場 7 號鋪	430

新界區	店鋪代號
屯門友愛村 H.A.N.D.S 商場地下 S114-S115 號	016
屯門置樂花園商場地下 129 號	114
屯門大興村商場 1 樓 54 號	043
屯門山景邨商場 122 號地下	050
屯門美樂花園商場 81-82 號地下	051
屯門青翠徑南光樓高層地下 D	069
屯門建生邨商場 102 號鋪	083
屯門翠寧花園地下 12-13 號鋪	104
屯門悅湖商場 53-57 及 81-85 號鋪	109
屯門寶怡花園 23-23A 鋪地下	111
屯門富泰商場地下 6 號鋪	187
屯門屯利街 1 號華都花園第三層 2B-03 號鋪	236
屯門海珠路 2 號海典軒地下 16-17 號鋪	279
屯門啟發徑，德政圍，柏苑地下 2 號鋪	292
屯門龍門路 45 號富健花園地下 87 號鋪	299
屯門寶田商場地下 6 號鋪	324
屯門良景商場 114 號鋪	329
屯門蝴蝶村熟食市場 13-16 號	033
屯門兆康苑商場中心店號 104	060
天水圍天恩商場 109 及 110 號鋪	288
天水圍天瑞路 9 號天瑞商場地下 L026 號鋪	437
天水圍 Town Lot 28 號俊宏軒俊宏廣場地下 L30 號	337
元朗朗屏邨玉屏樓地下 1 號	023
元朗朗屏邨鏡屏樓 M009 號鋪	330
元朗水邊圍邨康水樓地下 103-5 號	014
元朗谷亭街 1 號傑文樓地鋪	105
元朗大棠路 11 號光華廣場地下 4 號鋪	214
元朗青山道 218, 222 & 226-230 號富興大邨地下 A 鋪	285
元朗又新街 7-25 號元新大廈地下 4 號及 11 號鋪	325
元朗青山公路 49-63 號金豪大廈地下 E 號鋪及閣樓	414
元朗青山公路 99-109 號元朗貿易中心地下 7 號鋪	421
荃灣大窩口村商場 C9-10 號	037
荃灣中心第一期高層平台 C8,C10,C12	067
荃灣麗城花園第三期麗城商場地下 2 號	089
荃灣海壩街 18 號（近福來村）	095
荃灣圓墩圍 59-61 號地下 A 鋪	152
荃灣梨木樹村梨木樹商場 LG1 號鋪	265
荃灣梨木樹村梨木樹商場 1 樓 102 號鋪	266
荃灣德海街富利達中心地下 E 號鋪	313
荃灣鹹田街 61 至 75 號石壁新村遊樂場 C 座地下 C6 號鋪	356
荃灣青山道 185-187 號荃勝大廈地下 A2 鋪	194
青衣港鐵站 TSY 306 號鋪	402
青衣村一期停車場地下 6 號鋪	064
青衣青華苑停車場地下鋪	294
葵涌安蔭商場 1 號鋪	107
葵涌石蔭東邨蔭興樓 1 及 2 號鋪	143
葵涌邨第一期秋葵樓地下 6 號鋪	156
葵涌盛芳街 15 號運芳樓地下 2 號鋪	186
葵涌景荔徑 8 號盈暉家居城地下 G-04 號鋪	219
葵涌貨櫃碼頭亞洲貨運大廈第三期 A 座 7 樓	116
葵涌華星街 1 至 7 號美華工業大廈地下	403
上水彩園邨彩華樓 301-2 號	018
粉嶺名都商場 2 樓 39A 號鋪	275
粉嶺嘉福邨商場中心 6 號鋪	127
粉嶺欣盛苑停車場大廈地下 1 號鋪	278
粉嶺清河邨商場 46 號鋪	341
大埔富亨邨富亨商場中心 23-24 號鋪	084
大埔運頭塘邨商場 1 號店	086
大埔安邦路 9 號大埔超級城 E 區三樓 355A 號鋪	255
大埔南運路 1-7 號富雅花園地下 4 號鋪，10B-D 號鋪	427
大埔墟大榮里 26 號地下	007
大圍火車站大堂 30 號鋪	260
火炭禾寮坑路 2-16 號安盛工業大廈地下部份 B 地廠單位	276
沙田穗禾苑商場中心地下 G6 號	015
沙田乙明邨明耀樓地下 7-9 號	024
沙田新翠邨商場地下 6 號	035
沙田田心街 10-18 號雲疊花園地下 10A-C,19A	119
沙田小瀝源安平街 2 號利豐中心地下	211
沙田愉翠商場 1 樓 108 號鋪	221
沙田美田商場地下 1 號鋪	310
沙田第一城中心 G1 號鋪	233
馬鞍山耀安邨耀安商場店號 116	070
馬鞍山錦英苑商場中心低層地下 2 號	087
馬鞍山富安花園商場中心 22 號	048
馬鞍山頌安邨頌安商場 1 號鋪	147
馬鞍山錦泰苑錦泰商場地下 2 號鋪	179
馬鞍山烏溪沙火車站大堂 2 號鋪	271
西貢海傍廣場金寶大廈地下 12 號鋪	168
西貢西貢大廈地下 23 號鋪	283
將軍澳翠琳購物中心店號 105	045
將軍澳欣明苑停車場大廈地下 1 號	076
將軍澳寶琳邨寶勤樓 110-2 號	055
將軍澳新都城中心三期都會豪庭商場 2 樓 209 號鋪	280
將軍澳景林邨商場中心 6 號鋪	502
將軍澳厚德邨商場（西翼）地下 G11 及 G12 號鋪	352
將軍澳寶寧路 25 號富寧花園 商場地下 10 及 11A 號鋪	418
將軍澳明德邨明德商場 19 號鋪	145
將軍澳尚德邨尚德商場地下 8 號鋪	159
將軍澳唐德街將軍澳中心地下 B04 號鋪	223
將軍澳彩明商場擴展部份二樓 244 號鋪	251
將軍澳景嶺路 8 號都會駅商場地下 16 號鋪	345
將軍澳景嶺路 8 號都會駅商場 2 樓 039 及 040 號鋪	346
大嶼山東涌健東路 1 號映灣園映灣坊地面 1 號鋪	295
長洲新興街 107 號地下	326
長洲海傍街 34-5 號地下及閣樓	065

訂閱兒童的科學請在方格內打 ☑ 選擇訂閱版本

凡訂閱教材版 1 年 12 期，可選擇以下 1 份贈品：
☐大偵探 太陽能 + 動能蓄電電筒　或　☐大偵探口罩套裝

大偵探 太陽能+動能蓄電電筒　或　大偵探口罩套裝（包含 10 片口罩及 1 個收納套）

訂閱選擇	原價	訂閱價	取書方法
☐**普通版**（書 半年 6 期）	~~$210~~	$196	郵遞送書
☐**普通版**（書 1 年 12 期）	~~$420~~	$370	郵遞送書
☐**教材版**（書 + 教材 半年 6 期）	~~$540~~	$488	OK便利店 或書報店取書 請參閱前頁的選擇表，填上取書店舖代號→ ☐
☐**教材版**（書 + 教材 半年 6 期）	~~$690~~	$600	郵遞送書
☐**教材版**（書 + 教材 1 年 12 期）	~~$1080~~	$899	OK便利店或書報店取書 請參閱前頁的選擇表，填上取書店舖代號→ ☐
☐**教材版**（書 + 教材 1 年 12 期）	~~$1380~~	$1123	郵遞送書

訂戶資料

月刊只接受最新一期訂閱，請於出版日期前 20 日寄出。例如，想由 6 月號開始訂閱 兒童的科學，請於 5 月 10 日前寄出表格。

訂戶姓名：# ____________ 性別：______ 年齡：______ 聯絡電話：# ____________

電郵：# ____________

送貨地址：# ____________

您是否同意本公司使用您上述的個人資料，只限用作傳送本公司的書刊資料給您？（有關收集個人資料聲明，請參閱封底裏）　# 必須提供

請在選項上打 ☑。　同意☐　不同意☐　簽署：____________日期：________年________月________日

付款方法

請以 ☑ 選擇方法①、②、③、④或⑤

☐ ① 附上劃線支票 HK$ ____________（支票抬頭請寫：Rightman Publishing Limited）

銀行名稱：____________ 支票號碼：____________

☐ ② 將現金 HK$ ____________ 存入 Rightman Publishing Limited 之匯豐銀行戶口（戶口號碼：168-114031-001）。
現把銀行存款收據連同訂閱表格一併寄回或電郵至 info@rightman.net。

☐ ③ 用「轉數快」（FPS）電子支付系統，將款項 HK$ ____________ 轉數至 Rightman Publishing Limited 的手提電話號碼 63119350，並把轉數通知連同訂閱表格一併寄回、WhatsApp 至 63119350 或電郵至 info@rightman.net。

正文社出版有限公司
Scan me to PayMe

☐ ④ 用香港匯豐銀行「PayMe」手機電子支付系統內選付款後，掃瞄右面 Paycode，輸入所需金額，並在訊息欄上填寫①姓名及②聯絡電話，再按「付款」便完成。付款成功後將交易資料的截圖連本訂閱表格一併寄回；或 WhatsApp 至 63119350；或電郵至 info@rightman.net。

☐ ⑤ 用八達通手機 APP，掃瞄右面八達通 QR Code 後，輸入所需付款金額，並在備註內填寫❶ 姓名及❷ 聯絡電話，再按「付款」便完成。付款成功後將交易資料的截圖連本訂閱表格一併寄回；或 WhatsApp 至 63119350；或電郵至 info@rightman.net。

八達通 Octopus
八達通 App QR Code 付款

如用郵寄，請寄回：**「柴灣祥利街 9 號祥利工業大廈 2 樓 A 室」《匯識教育有限公司》訂閱部收**

收貨日期

本公司收到貨款後，您將於以下日期收到貨品：

- 訂閱 兒童的科學：每月 1 日至 5 日
- 選擇「OK便利店 / 書報店取書」訂閱 兒童的科學 的訂戶，會在訂閱手續完成後兩星期內收到換領券，憑券可於每月出版日期起計之 14 天內，到選定的 OK便利店 / 書報店取書。

填妥上方的郵購表格，連同劃線支票、存款收據、轉數通知或「PayMe」交易資料的截圖，寄回「柴灣祥利街 9 號祥利工業大廈 2 樓 A 室」匯識教育有限公司訂閱部收、WhatsApp 至 63119350 或電郵至 info@rightman.net。

除了寄回表格，也可網上訂閱！

兒童的科學 NO.205

請貼上
HK$2.0郵票
只供香港
讀者使用

香港柴灣祥利街9號
祥利工業大廈2樓A室
兒童的科學 編輯部收

有科學疑問或有意見、
想參加開心禮物屋，
請填妥問卷，寄給我們！

大家可用
電子問卷方式遞交

▼請沿虛線向內摺

請在空格內「✔」出你的選擇。

我購買的版本為：01☐實踐教材版 02☐普通版

***給編輯部的話**

***開心禮物屋**：我選擇的禮物編號

***我的科學疑難/我的天文問題：**

*本刊有機會刊登上述內容以及填寫者的姓名。

有關今期內容

Q1：今期主題：「養殖科學大探究」

03☐非常喜歡 04☐喜歡 05☐一般 06☐不喜歡 07☐非常不喜歡

Q2：今期教材：「機動魚缸」

08☐非常喜歡 09☐喜歡 10☐一般 11☐不喜歡 12☐非常不喜歡

Q3：你覺得今期「機動魚缸」容易使用嗎？

13☐很容易 14☐容易 15☐一般 16☐困難

17☐很困難（困難之處：＿＿＿＿＿＿＿＿）18☐沒有教材

Q4：你有做今期的勞作和實驗嗎？

19☐簡易空氣槍 20☐實驗1：磁浮彈床

21☐實驗2：磁力跳樓機

請沿實線剪下

請沿實線剪下

問　卷

請以膠水封口

讀者檔案

#必須提供

#姓名：	男 女	年齡：	班級：
就讀學校：			
#居住地址：			
	#聯絡電話：		

你是否同意，本公司將你上述個人資料，只限用作傳送《兒童的科學》及本公司其他書刊資料給你？（請刪去不適用者）

同意/不同意 簽署：＿＿＿＿＿＿＿＿ 日期：＿＿＿＿年＿＿月＿＿日

（有關詳情請查看封底裏之「收集個人資料聲明」）

請以膠水封口

讀者意見

A 科學實踐專輯：魚缸大改造
B 海豚哥哥自然教室：鮭色鳳頭鸚鵡
C 科學DIY：簡易空氣槍
D 科學實驗室：磁力遊樂場
E IQ挑戰站
F 大偵探福爾摩斯科學鬥智短篇：小偷與貴婦（I）
G 科學快訊：人類基因排列重大突破！
H 誰改變了世界：天氣預報的先驅　費茲羅伊
I 讀者天地
J 地球揭秘：風從何來？信風與大氣環流
K 活動資訊站：小發明家的創意思考
L 數學偵緝室：時速100公里的SOS
M 天文教室：韋伯的威力
N 曹博士信箱：為甚麼吃鹹的東西和酸的東西時，會有很多口水湧出來？
O 科學Q&A：海鮮奇遇記

*請以英文代號回答**Q5**至**Q7**

Q5. 你最喜愛的專欄：

第 1 位 22＿＿＿＿＿ 第 2 位 23＿＿＿＿＿ 第 3 位 24＿＿＿＿＿

Q6. 你最不感興趣的專欄：25＿＿＿＿＿ 原因：26＿＿＿＿＿

Q7. 你最看不明白的專欄：27＿＿＿＿＿ 不明白之處：28＿＿＿＿＿

Q8. 你從何處購買今期《兒童的科學》？

29□訂閱 30□書店 31□報攤 32□便利店 33□網上書店
34□其他：＿＿＿＿＿

Q9. 你有瀏覽過我們網上書店的網頁www.rightman.net嗎？

35□有 36□沒有

Q10. 你收藏了哪些《大偵探福爾摩斯》系列小說？（可選多項）

37□正傳故事（第1至58集） 38□實戰推理系列 39□數學偵緝系列
40□外傳故事（M博士外傳、華生外傳、小兔子外傳、聖誕奇譚）
41□英文版系列 42□其他：＿＿＿＿＿

Q11. 你收藏了多少本《大偵探福爾摩斯》系列圖書？

43□1至10本 44□11至20本 45□21至30本
46□31本或以上 47□沒有收藏，原因：＿＿＿＿＿